L'embryon
mémoire de l'humanité

Acteurs de la Science

Fondée par Richard Moreau,
professeur honoraire à l'Université de Paris XII
Dirigée par Claude Brezinski et Roger Teyssou

La collection Acteurs de la Science est consacrée à des études sur les acteurs de l'épopée scientifique moderne ; à des inédits et à des réimpressions de mémoires scientifiques anciens ; à des textes consacrés en leur temps à de grands savants par leurs pairs ; à des évaluations sur les découvertes les plus marquantes et la pratique de la Science.

Dernières parutions

Christiane VILAIN, *Où va la physique ? De la physique mécaniste à quelques élaborations contemporaines,* 2019
Vincent LAFORGE, *La chair et le plomb*, 2019.
Jean-Yves DE LA CAFFINIERE, *Robert Merle d'Aubigné, Chirurgien bâtisseur (1900-1989),* 2019.
Roger TEYSSOU, *Théodore Tronchin et la grande aventure de l'inoculation de la variole*, 2019.
Sofiane BOUHDIBA, *Le côté obscur de la médecine. Mauvais médecins et médecins mauvais, de l'Antiquité à nos jours*, 2019.
Daniel BOIS, *L'information aux sources de la science*, 2019.
Alexandru MARINESCU, *Le voyage de la « Belgica », Premier hivernage dans les glaces antarctiques,* 2019.
Franck CANOREL, *Contribution à l'histoire sociale des poisons. Le Ginger Jake*, 2018.
Tithnara SUN, *Les mots de la pharmacie, Une histoire linguistique de la pharmacie,* 2018.
Roger TEYSSOU, *Nouveau dictionnaire mémorable des remèdes d'autrefois,* 2018.
Jean-Paul WALCH, *Naissance de la chimie*, 2018.
AMIC, *Le temps, Une approche interdisciplinaire,* 2018.
Jean-Louis MILLOT, *Le discret pouvoir des odeurs*, 2018.
Pierre CHARLES-DOMINIQUE, *Histoire de la découverte des faunes tropicales. Les progrès de la pensée scientifique*, 2018.
Marceau FELDEN, *De Darwin à Einstein, Deux aventuriers du savoir,* 2018.
Auguste MARIE, *La psychanalyse et les nouvelles méthodes d'investigation de l'inconscient*, 2018.
Roger TEYSSOU, *Jérôme Fracastor (1478-1553), De la nature des choses à la nature des germes,* 2017.
Alain GIRET, *Les températures et l'effet de serre. Essai sur l'histoire et l'avenir du climat,* 2017.

Joël Marcovitch

L'embryon mémoire de l'humanité

L'Harmattan

Du même auteur

Manuel d'obstétrique à l'usage des professionnels du droit.
L'Harmattan, 2007.

Droits et devoir du fœtus viable,
L'Harmattan, 2016.

5-7, rue de l'Ecole-Polytechnique, 75005 Paris
http://www.editions-harmattan.fr
ISBN : 978-2-343-19580-3
EAN : 9782343195803

Avertissement

Ce livre n'a aucunement la prétention d'être un ouvrage d'embryologie. Néanmoins, en ce qui concerne les points précis tant du développement de l'embryon humain que de celui des espèces animales qui y sont évoquées, nous avons pris nos références parmi les meilleurs ouvrages et articles parus dans ce domaine.

La définition des termes annotés d'un astérisque (*) se trouve dans un glossaire placé en fin d'ouvrage.

Sans la terre, l'homme n'existerait pas.

Avec l'homme, la terre pourrait ne plus exister.

Introduction

Il est connu que durant son développement, l'embryon humain traverse des stades évolutifs successifs marqués par la formation ou le développement de certains organes qui correspondent chacun à la morphologie des mêmes organes chez les animaux adultes de différentes espèces*.

On en a déduit que l'embryon d'un vertébré présentait le même principe de formation du corps que les ancêtres des espèces animales actuelles ayant le même type d'organisation.

Le but de ce travail a été de montrer que chaque stade évolutif de l'embryon humain, marqué par la modification et la complexification de son anatomie, est de façon régulière et quasi systématique concomitant à l'apparition, il y a plusieurs millions d'années, d'une nouvelle espèce animale porteuse de cette même caractéristique anatomique.

À titre d'exemple, à chaque stade de son développement, le cloisonnement progressif du cœur de l'embryon humain correspond à l'apparition successive de nouvelles espèces animales dont le cloisonnement du cœur est, chez l'adulte, de plus en plus complexe.

Nous verrons que les premières transformations embryonnaires correspondent au développement d'espèces animales apparues il y a plus de 600 millions d'années.

La courte période de 60 jours du développement embryonnaire de l'homme est le fil d'Ariane qui va nous conduire, à travers des millions d'années, à nos véritables origines.

Chaque nouvelle espèce animale se « construit » à partir de la précédente, en se complexifiant toujours plus, sans retour possible en arrière vers la simplification. On peut considérer la complexité actuelle de l'embryon humain comme la somme des transformations successives irréversibles qu'il a vécues pendant les deux premiers mois de son évolution et les différentes phases de son développement comme le rappel, pour ne pas dire le souvenir, des étapes par lesquelles l'Homme est passé avant qu'il ne devienne tel que nous le connaissons aujourd'hui.

Nous verrons ensuite le lien existant entre les différentes espèces animales qui ont contribué à jalonner le parcours de l'évolution humaine.

En effet, il est logique de penser, à l'instar du développement de l'embryon humain, qui est l'aboutissement (actuel) des transformations, que chaque stade du développement des embryons des espèces animales qui ont permis à l'homme de parfaire son évolution correspond lui aussi à l'état mature d'une espèce animale l'ayant précédé.

Dans la mesure où l'existence de l'homme et l'évolution de tous les êtres vivants sont indissociables de l'évolution de la terre, il nous est apparu nécessaire de nous intéresser aux grands bouleversements, cataclysmes et changements climatiques qui s'y sont produits depuis sa création et qui ont été à l'origine de la disparition mais aussi de l'apparition de nombreuses espèces animales, certaines encore vivantes aujourd'hui.

CHAPITRE 1

Formation de la terre et apparition des êtres vivants

Nota : le terme de « temps géologique » sera employé pour dater les évènements qui ont marqué l'évolution de la terre, situer les périodes géologiques et indiquer la durée les séparant. Nous n'avons pas utilisé volontairement la véritable échelle des temps géologiques, qui est subdivisée en plusieurs unités géochronologiques, cela dans un but de simplification et de meilleure compréhension.

La datation des périodes géologiques et des principaux évènements terrestres est exprimée en millions d'années, écrits en abréviation « - Ma ». Le signe négatif qui précède l'abréviation indique que la période est antérieure à l'époque actuelle.

Les jours du développement de l'embryon humain sont désignés par la lettre J suivie du chiffre correspondant au jour de son développement depuis la fécondation, soit de J1 à J60.

I. Quel âge a la terre ?

Selon les époques, la détermination de l'âge de la terre a varié en fonction des moyens scientifiques de calcul existants.

Ainsi, au 15e siècle, l'estimation de l'âge de la terre est passée de 4000 ans avant notre ère, à quelques dizaines de millions d'années à la fin du 19e siècle.

C'est la découverte de la radioactivité par Henri Becquerel en 1896 qui a permis, par radiochronologie*, de préciser l'âge de la Terre qui est maintenant fixé à 4 milliards 550 millions d'années (4.550 Ma).
(La datation par radioactivité est obtenue en étudiant la proportion de radio-isotopes dans les roches).

Actuellement, la Terre, qui est recouverte d'eau sur plus de 70 % de sa surface, est peuplée par 8,7 millions d'espèces vivantes dont 6,5 millions évoluent sur la terre et 2,2 millions en milieu aquatique.

Les différentes périodes géologiques, les grandes transformations de la terre et leurs conséquences

Depuis sa formation, la terre a connu plusieurs périodes géologiques au cours desquelles ses grandes structures ont été façonnées et qui ont vu la disparition et l'apparition de nombreuses espèces animales.

Beaucoup de ces espèces dont l'existence a pu être authentifiée par la découverte de fossiles ont aujourd'hui disparu, mais un certain nombre d'entre elles existe toujours.

1) Le précambrien

C'est l'ère la plus ancienne des périodes des temps géologiques et également la plus longue puisqu'elle s'étend sur 4 milliards d'années, depuis la formation de la terre il y a environ 4 milliards 550 millions d'années, jusqu'à il y a 542 millions d'années, période qui marque l'entrée dans l'ère Paléozoïque et sa première période, le Cambrien.

C'est au cours du précambrien que la vie est apparue sous forme de microorganismes dont la trace des plus anciens remonte à 3 milliards 600 millions d'années (2 milliards 500 millions d'années pour les bactéries).

Quatre périodes de glaciation sont survenues entre -1 milliard d'années et - 542 millions d'années avant l'époque actuelle.

C'est durant l'Édiacarien (dénomination qui fait référence aux collines Ediacara, au sud de l'Australie, où des fossiles ont été retrouvés) dernière période du Précambrien qui s'étend de - 635 millions d'années à - 542 millions d'années que s'est formé, il y a 600 millions d'années, un supercontinent appelé Gondwana*.

La faune de l'Édiacarien, composée des premiers animaux pluricellulaires ayant vécu à la fin du Précambrien est apparue il y a environ 600 millions d'années après une longue période de glaciation. Une grande partie de cette faune a rapidement disparu il y a 540 millions d'années, simultanément avec l'apparition de la biodiversité au Cambrien, nommée « explosion cambrienne ».

L'extinction de la fin de l'Édiacarien a été la première extinction de masse.

2) Le Phanérozoïque

Le Phanérozoïque est la période (appelée éon) couvrant les 542 derniers millions d'années. Il commence par la période géologique du Cambrien.

Le Phanérozoïque est divisé en trois ères*: le Paléozoïque, le Mésozoïque et le Cénozoïque.

1. Le Paléozoïque

Parfois appelée ère primaire, c'est une ère géologique qui s'étend sur 291 millions d'années, de - 542 à - 251 millions d'années.

Cette période est marquée par des mouvements tectoniques à l'origine de la formation de grandes chaînes montagneuses mais aussi par le développement de la vie, d'abord dans l'eau, par des invertébrés : les arthropodes*, puis sur terre.

Au cours de cette ère, le Gondwana va migrer depuis le pôle Sud vers les continents de l'hémisphère nord. Leur rencontre, il y a 290 millions d'années, à la fin du Paléozoïque entraine l'agglomération de l'ensemble des terres émergées en une masse unique formant un seul continent appelé Pangée, dont la partie sud est constituée par le Gondwana et la partie nord par un supercontinent, la Laurasie, formé par plusieurs blocs continentaux.

La Pangée est bordée d'un unique océan appelé Téthys. Nous verrons qu'à partir du Jurassique (de - 206 Ma à - 144 Ma), la Pangée se fragmente et libère des fragments de continents qui évolueront vers la conformation actuelle. Au cours de cette période, le climat sur la terre s'est refroidi.
En effet, la fragmentation de la Pangée a entrainé des mouvements tectoniques qui ont permis les échanges entre les eaux chaudes tropicales et les eaux froides du sud. C'est ainsi que l'antarctique est devenu un océan glacé et que la température de la mer a baissé de 10°C.

Les six périodes du Paléozoïque :

Le Paléozoïque se subdivise en 6 périodes : le Cambrien, l'Ordovicien, le Silurien, le Dévonien, le Carbonifère et le Permien.

A. Le Cambrien

D'une durée de 54 millions d'années, cette période s'étend de - 542 Ma à - 488 Ma. C'est au cours de cette période qu'est survenue ce qu'on a appelé « l'explosion cambrienne », événement évolutif majeur de la vie sur terre dont l'apogée s'est situé probablement entre -540 Ma et -520 Ma, marqué par l'apparition d'un grand nombre d'organismes. C'est au cours de cette période que sont apparus tous les grands plans d'organisation des animaux.

Les causes de cette « explosion » sont mal définies. Il faut noter que cette grande biodiversité du Cambrien correspond avec la disparition des premiers grands organismes pluricellulaires apparus au cours de l'Ediacarien, période précédente.

B. L'Ordovicien

Seconde période du Paléozoïque. Il s'étend sur 45 millions d'années, de - 488 Ma à - 443 Ma.

C'est à la fin du Cambrien et au cours de l'Ordovicien qu'apparaissent les Agnathes, premiers Vertébrés* marins, sans mâchoire, qui sont encore présents actuellement, représentés par les Myxines* et Lamproies*, réunis dans la classe des Cyclostomes.

La fin de l'Ordovicien et le début du Silurien, période suivante, sont marqués par des extinctions massives sur lesquelles nous reviendrons, qui entraineront la disparition de près de 85 % des espèces marines.

C. Le Silurien

Troisième période du Paléozoïque qui s'étend sur 27 millions d'années, de - 443 à - 416 Ma.

Dans les océans, on note l'apparition des premiers poissons Vertébrés avec mâchoire : les Gnathostomes*.

D. Le Dévonien

Quatrième période du paléozoïque d'une durée de 57 millions d'années, de - 416 Ma à - 359 Ma. C'est à cette période qu'apparaissent les dipneustes*, poissons d'eau douce possédant en plus des branchies*, un poumon qui leur permet de survivre en respirant hors de l'eau lorsque leur milieu aquatique est pauvre en oxygène.

Apparition également des arthropodes* terrestres (Ichtyostega et Acanthostega) ainsi que des Amphibiens qui ont été les premiers Vertébrés terrestres.

E. Le Carbonifère

Cinquième période du paléozoïque qui s'étend sur 60 millions d'années, de - 359 Ma à - 299 Ma, le Carbonifère voit le développement des batraciens et l'apparition des Reptiles. C'est au cours de cette période qu'apparaissent de vastes couches de charbon.

C'est à la fin du Carbonifère que s'est formée la Pangée, masse unique formant un seul continent résultant de la rencontre du Gondwana, continent progressant depuis le sud, avec les continents de l'hémisphère nord. Cette rencontre a entrainé l'agglomération de l'ensemble des terres émergées. Cette période a coïncidé avec la survenue d'une extinction secondaire.

F. Le Permien

Dernière période du paléozoïque d'une durée de 48 millions d'années, qui s'étend de - 299 Ma à - 251 Ma.

Les grands amphibiens et les grands Reptiles sont les animaux dominants.

Il y a 250 millions d'années, le Permien se termine par l'extinction massive de la majeure partie des espèces aquatiques et terrestres : 90 à 95% de la vie marine a disparu, ainsi que près de 70% des espèces terrestres.

On ne connait pas les causes exactes de cette extinction et aucune des hypothèses avancées - bouleversement climatique, volcanisme majeur ou baisse importante du niveau des mers - ne fait l'unanimité.

2. Le Mésozoïque

Cette ère, parfois appelée ère secondaire, s'étend sur 186 millions d'années, de - 251 Ma à - 65 Ma.

Elle se subdivise en trois périodes : Le Trias, le Jurassique et le Crétacé.

A. Le Trias

Première période du Mésozoïque d'une durée de 52 millions d'années, de - 251 Ma à - 199 Ma.

B. Le Jurassique

Seconde période, qui s'étend sur 54 millions d'années, de - 199 Ma à - 145 millions d'années, au cours de laquelle de nouvelles espèces apparaissent : dans le milieu marin : les ichtyosaures*, Reptiles aquatiques, et dans le milieu aérien les Ptérosaures*, Reptiles volants apparus il y a 180 millions d'années.

C'est au cours de cette période que débute la fragmentation de la Pangée.

C. Le Crétacé

Troisième période du Mésozoïque qui s'étend sur 80 millions d'années, de - 145 à - 65 millions d'années.

Cette période a été marquée, il y a 135 millions d'années, par la scission de la Pangée et la séparation des deux continents qui la composaient : le Gondwana et la Laurasie.

La fin du Crétacé est marquée par disparition des Dinosaures, de nombreux animaux marins et de la plupart des oiseaux.

3. Le Cénozoïque

Sous ce nom, cette période regroupe le tertiaire et le quaternaire. C'est une ère géologique qui débute il y a 65 millions d'années, juste après la disparition des dinosaures et d'une grande partie des espèces* à la fin du Crétacé, et qui se poursuit jusqu'à nos jours.

La vie est marquée par le développement et la diversification des mammifères, des oiseaux et des poissons.

Le Cénozoïque se subdivise en 3 périodes : le Paléogène, le Néogène (réunis sous le nom de tertiaire) et le quaternaire.

A. Le Paléogène

C'est la première période du Cénozoïque. Il s'étend de - 65,5 Ma à - 23 Ma. Les mammifères ont évolué en des espèces plus complexes.

B. Le Néogène

C'est la seconde période qui débute il y a 23 millions d'années. Elle se subdivise en quatre séries dont les deux dernières, Pléistocène et Holocène, correspondent au quaternaire. Le climat s'est sensiblement refroidi durant cette période.

Pendant ces 23 millions d'années, les mammifères et les oiseaux ont évolué.

Les hominidés* apparaissent à la fin du tertiaire en Afrique (un hominidé de 7 millions d'années a été découvert au Tchad) et le plus ancien australopithèque découvert en Éthiopie, date de 4,4 millions d'années.

C. Le quaternaire

Partie finale du néogène, il comporte deux périodes :

a) Le Pléistocène qui correspond au cycle glaciaire, d'une durée de 2,48 Ma, de - 2,6 millions d'années à - 12 000 ans.

b) L'Holocène (ou quaternaire supérieur) qui s'étend de - 12 000 ans à nos jours et qui correspond au cycle postglaciaire actuel.

Il est marqué par l'évolution du genre homo.
Le quaternaire a connu quatre grandes glaciations successives dont la dernière s'est achevée il y a 12.000 ans.

Après l'extinction du Crétacé, Le Cénozoïque est l'ère des Mammifères qui divergent en divers embranchements d'animaux terrestres, marins et aériens.

Cette période est marquée par l'apparition de l'Homme.

II. Quel âge avons-nous ?

L'humanité a vu le jour en Afrique.

Entre - 6 Ma et - 2,5 Ma vécurent en Afrique les Australopithèques, bipèdes dont le cerveau était plus gros que celui d'un singe de même taille. Lucy (découverte en 1974, par Yves Coppens) a fait son apparition il y a 3,2 millions d'années.

Il y a environ 2,8 millions d'années, est apparu Homo habilis, premier de la lignée du genre « Homo ». Il a vécu jusqu'à il y a environ 1,5 million d'années.

Des spécimens d'Homo habilis ont été découverts en Afrique de l'Est : au Kenya, en Tanzanie et en Éthiopie. Homo erectus est apparu il y a environ 1,9 million d'années, et a été présent jusqu'à il y a environ 300 000 ans. Il a vécu en Afrique et en Eurasie.

Homo erectus est le premier hominidé à migrer hors d'Afrique. On a retrouvé des restes fossiles d'Homo erectus en Europe et en Asie.

Jusqu'à récemment, on pensait que les deux espèces s'étaient succédé (d'abord habilis, puis erectus). Cependant, l'étude de deux fossiles découverts au Kenya prouve que les deux espèces ont vécu à la même époque pendant environ 400 000 ans et remet en cause la filiation et l'ordre entre les espèces du genre Homo.

Il semble maintenant peu probable qu'Homo erectus soit le descendant d'Homo habilis. Les chercheurs proposent même que les deux espèces soient issues d'un ancêtre commun.

Il y a plus de 700 000 ans, en Afrique, une espèce d'hominidé s'est séparée en deux lignées. La première a migré vers l'Europe et a évolué vers Homo Neandertalis tandis que l'autre restait en Afrique et évoluait vers ce qui allait devenir Homo sapiens.

L'homme de Neandertal (du nom de la région d'Allemagne où il fut découvert pour la première fois) a été retrouvé uniquement en Europe.
Il a vécu il y a 300.000 ans jusqu'à il y a environ 30.000 ans.

Homo Sapiens est apparu il y a environ 200 000 ans entre l'Afrique et le Proche-Orient. On sait qu'entre - 100 000 et - 30 000 ans, plusieurs espèces d'hommes ont vécu côte à côte en Europe et en Asie, et il a été démontré qu'une petite partie du génome d'Homo sapiens provient des Néandertaliens.

Pour certains, l'arrivée d'Homo sapiens en Europe a pu contribuer à l'extinction des Néandertaliens.

En quelques dizaines de milliers d'années, Homo sapiens a conquis toutes les régions du globe.

Il y a 12 000 ans environ, l'Homme va vivre la fin de la dernière glaciation. Le réchauffement climatique entraine la fonte des 2/3 de la glace retenue aux pôles. À la fin du Pléistocène, le niveau des océans remonte.

La montée des eaux isole l'Amérique du Nord de l'est de l'Asie et le Japon du continent asiatique.
Les grands mammifères adaptés au froid, comme les mammouths, disparaissent.

III. Comment nous développons-nous ?

« Pour comprendre véritablement les processus de l'évolution, il faut d'abord comprendre le développement embryonnaire ».

François Jacob dans *« Le Jeu des Possibles »* (Ed. Fayard p.87)

1) Les principales étapes du développement de l'embryon humain.

Les transformations que subit un organisme au cours de son développement depuis sa conception jusqu'à sa forme mature sont définies par le terme d'ontogenèse*.

La durée moyenne de la grossesse humaine est de 266 jours, soit 9 mois ou 38 semaines depuis la fécondation.

La durée de la formation de l'embryon humain est de 8 semaines, soit 56 jours. Au-delà, on parle de fœtus.

La période fœtale, qui va de la 9e semaine de grossesse à la naissance, est marquée par le développement et la maturation des organes formés au cours de l'embryogenèse*, période de transformations et de développement de l'œuf fécondé au cours de laquelle s'individualise l'embryon.

L'embryogenèse comporte quatre phases successives qui sont :

1. La fécondation

Elle permet le maintien du nombre de chromosomes caractéristique de chaque espèce. Ainsi, chez l'homme, la fécondation d'un ovule comportant 23 (n) chromosomes par un spermatozoïde qui comporte également 23 (n) chromosomes aboutit à la formation de cellules comportant 46 (2n) chromosomes répartis en 23 paires.

2. La segmentation

Elle correspond à une succession de divisions cellulaires aboutissant à la formation de cellules filles appelées blastomères* dont l'ensemble constitue une blastula*. Le passage du stade d'œuf fécondé à celui de blastula fait passer le nombre de cellules de 1 à 1000.

Les processus de division cellulaire (appelés mitotiques) sont régis par l'abondance plus ou moins grande de substances de réserve de l'œuf composant ce qu'on appelle le vitellus. Plus le vitellus est abondant, plus les processus mitotiques sont entravés voire empêchés. Les œufs ne comportant aucune réserve de vitellus, comme l'œuf humain, sont dits alécithes*.

3. La gastrulation*

C'est au cours de cette phase qui débute vers le 15e jour, que vont s'installer progressivement les feuillets embryonnaires qui sont des groupements de cellules qui permettront l'agencement des organes et des tissus. Cette étape commence au début de la 3e semaine de gestation par la formation de la ligne primitive qui est une structure médiane longitudinale qui, pour la première fois, définira les grands axes d'orientation du corps : axe crânio-caudal, axe droite-gauche et dorso-ventral.

La ligne primitive s'élargit vers l'extrémité crâniale pour donner ultérieurement naissance au système nerveux central : sa partie antérieure, élargie, sera à l'origine du futur encéphale et la partie caudale (postérieure) sera à l'origine de la future moelle épinière.

La gastrulation transforme le disque embryonnaire à 2 feuillets (bilaminaire) : endoderme et épiblaste (qui sera appelé ultérieurement ectoderme) en disque embryonnaire à 3 feuillets (trilaminaire ou tridermique) vers J19.

Les trois feuillets sont :

A. L'ectoblaste*, à partir duquel se formeront :

- Le système nerveux et ses éléments (crêtes neurales*)
- Le revêtement (épithélium)

B. Le mésoblaste*, à partir duquel se formeront :

- Le derme
- Le squelette interne (colonne vertébrale)
- Les muscles
- Les reins et les voies génitales

C. L'endoblaste*, à partir duquel se formeront :

- Les voies et les glandes digestives.

4. L'organogenèse*

L'organogenèse est la formation d'organes fonctionnels. Cette étape de l'embryogenèse se déroule à partir de la formation du 3e feuillet embryonnaire jusqu'à la 8e semaine de grossesse.

Elle est la conséquence des mouvements morphogénétiques qui aboutissent à la mise en place de territoires cellulaires qui seront à l'origine de la formation de tissus de plus en plus spécialisés.

2) Les annexes embryonnaires

Ce sont des formations transitoires situées en dehors du corps de l'embryon. Elles n'interviennent pas dans la formation de ses propres organes mais ont un rôle de nutrition et/ou protection. Elles sont abandonnées ou résorbées à la naissance.

Les annexes embryonnaires sont au nombre de quatre :

1. La vésicule ombilicale

Encore appelée vésicule vitelline, c'est une structure reliée à l'intestin primitif de l'embryon par le canal vitellin.

C'est dans la paroi du sac vitellin que se forment les premiers ilots de cellules hématopoïétiques (qui fabriquent les éléments sanguins) à partir de la 3e semaine de gestation, et ce jusqu'à ce que l'activité hématopoïétique* commence dans le foie, au cours de la 6e semaine.

Le sac vitellin se développe jusqu'à la 10e semaine d'aménorrhée environ avant de diminuer pour disparaitre totalement vers la 12e semaine.

Les cellules germinales primitives apparaissent dans la paroi du sac vitellin au début de la 3e semaine et migrent ensuite vers les glandes génitales ou gonades en formation où elles deviennent les cellules germinales mâles ou femelles : spermatogonies ou ovogonies, qui deviendront spermatozoïdes ou ovules.

2. L'allantoïde (encore appelé diverticule allantoïdien)

L'allantoïde se constitue dès le 15e–17e jour de gestation à partir de l'intestin primitif postérieur sous forme d'un diverticule et participe à la formation du cordon ombilical. Ses vaisseaux sanguins deviennent les deux artères et la veine ombilicales.

3. L'amnios

L'amnios est la membrane qui délimite la cavité contenant le liquide amniotique* (appelée cavité ou sac amniotique) dans lequel baignent l'embryon puis le fœtus, et qui le protège, en particulier des chocs. Il forme avec le chorion, autre membrane, la paroi du sac amniotique formant ce qu'il est convenu d'appeler, notamment en fin de grossesse, la « poche des eaux ».

L'amnios caractérise les amniotes*, qui forment un taxon* de Vertébrés regroupant les espèces chez lesquelles l'embryon puis le fœtus sont protégés par un sac formé par l'amnios, contenant le liquide amniotique. Le taxon des amniotes regroupe d'un côté les mammifères et, de l'autre, les oiseaux, tous les Reptiles actuels et une partie des Reptiles fossiles.

4. Le chorion

Le chorion est une membrane épaisse et fibreuse située entre l'amnios et la paroi de l'utérus.
L'amnios et le chorion représentent les membranes ovulaires.

3) Chronologie du développement de l'embryon humain

L'embryogenèse, nous l'avons vu, dure 56 jours. Cette durée est divisée en 23 stades évolutifs appelés stades de Carnegie* (ou stades embryonnaires). Il s'agit d'une classification du développement embryonnaire qui tient compte de l'âge, de la taille et des caractéristiques morphologiques de l'embryon. C'est la corrélation de ces trois critères qui va permettre d'individualiser et d'identifier les stades de Carnegie. C'est une classification en 23 stades des 8 semaines de la période de l'évolution de l'embryon.

Carnegie est le nom d'une Institution de Washington qui avait constitué, au début du XXe siècle, une « collection » d'embryons humains provenant d'avortements spontanés, dont l'analyse a permis la description des premiers stades du développement.

Nous verrons que ces stades, dont la durée s'exprime en jours, correspondent pour la plupart à l'anatomie toujours plus évoluée et de plus en plus complexe d'espèces animales adultes apparues successivement il y a plusieurs millions d'années, à une période souvent très importante de l'histoire de la terre.

Le tableau suivant résume de façon simplifiée les événements évolutifs qui se sont échelonnés au cours des 23 stades qui ont jalonné les 8 semaines du développement de l'embryon humain.

CHRONOLOGIE DU DÉVELOPPEMENT DE L'EMBRYON HUMAIN

SEMAINE	**STADE ET JOURS**	**ÉVOLUTION DU DÉVELOPPEMENT**
SEMAINE 1	STADE 1 J 1	Pénétration de l'ovule dans la trompe.
	STADE 2 J 2 – J 3	Fécondation de l'ovocyte dans la trompe par un spermatozoïde.
	STADE 3 J 3 - J 5	Divisions de l'œuf (appelé blastocyste) le faisant passer de 2 à 16 cellules (appelées blastomères).
	STADE 4 J 5 - J 7	- Stade de 32 cellules. Le blastocyste est libre dans l'utérus. - Début de l'implantation de l'œuf dans l'utérus : dans un premier temps, fixation du blastocyste à la muqueuse utérine par l'intermédiaire du trophoblaste*.
SEMAINE 2	STADE 5 J 7 – J 12	- Deuxième temps de l'implantation de l'œuf dans l'utérus par corrosion des tissus maternels par les enzymes lytiques produits par les cellules trophoblastiques et dans lesquels apparaissent des lacunes. - Apparition de la cavité amniotique*. - L'embryon est didermique (le disque embryonnaire ne comporte que 2 feuillets).
	STADE 6 J 12 - J 15	- Les lacunes apparues dans la couche externe du trophoblaste (appelée syncytiotrophoblaste) sont envahies par du sang maternel. - L'embryon mesure 0,2 mm.

SEMAINE	STADE ET JOURS	ÉVOLUTION DU DÉVELOPPEMENT
SEMAINE 3	STADE 7 J 15 - J 17	- Début de la gastrulation. - L'embryon mesure 0,4 mm.
	STADE 8 J 17 - J 20	Formation de la corde (qui est le squelette axial primaire des embryons) et du prolongement céphalique qui comporte une vésicule cérébrale. - L'embryon devient tridermique (il possède 3 feuillets à l'origine de la formation des organes). - Apparition de l'ébauche du cœur (tube cardiaque primitif à 1 cavité). L'embryon mesure 1 à 1,5 mm.
	STADE 9 J 20 - J 22	- La plaque neurale se subdivise au niveau de sa partie antérieure en trois vésicules céphaliques : prosencéphale, mésencéphale et rhombencéphale. L'embryon mesure 1,5 à 2,5 mm.
SEMAINE 4	STADE 10 J 22 - J 24	- Formation du tube digestif. - Apparition du diverticule hépatique. - Formation du pronéphros*. - Apparition des battements cardiaques. - Formation du 1er arc pharyngé (les deux premiers arcs pharyngés formeront des sections de la mâchoire inférieure, de l'oreille moyenne et du larynx). L'embryon mesure 2 à 3,5 mm.
	STADE 11 J 24 - J 26	- Formation du 2e arc pharyngé. - Cœur à 2 cavités (1 oreillette et 1 ventricule). - Développement des bourgeons des membres supérieurs. - Développement de la vésicule optique. - L'embryon mesure 2,5 à 4,5 mm.

SEMAINE	STADE ET JOURS	ÉVOLUTION DU DÉVELOPPEMENT
SEMAINE 4	STADE 12 J 26 – J 29	- Formation du 3e arc pharyngé. - Début de la circulation embryonnaire. - Formation des bourgeons maxillaire et mandibulaire. - Début de la formation des poumons (diverticule respiratoire). - Mise en place du mésonéphros*. - L'embryon mesure 3 à 5 mm.
SEMAINE 5	STADE 13 J 29 - J 32	-Les hémisphères cérébraux deviennent visibles. Formation des bougeons des membres inférieurs. -formation des 4e et 5e (numéroté 6) arcs pharyngés*. - l'embryon mesure 4 à 6 mm.
	STADE 14 J 32 – J 35	-Mise en place des 5 vésicules cérébrales. -Développement de la palette des mains. -L'embryon mesure 5 à 7 mm.
SEMAINE 6	STADE 15 J 35 - J 38	- Développement de la palette des membres inférieurs (ébauche des pieds). - formation des rayons digitaux. - Les membres deviennent horizontaux. - Développement des bourgeons auriculaires. - L'embryon mesure 7 à 9 mm.
	STADE 16 J 38 - J 41	- Aspect palmé des doigts. - Cœur avec 2 oreillettes et un ventricule. - Début de la formation du cervelet. - Début de rotation des membres. - L'embryon mesure 8 à 11 mm.
	STADE 17 J 41- J 44	- Cœur : 2 oreillettes et cloisonnement ventriculaire partiel. - Mise en place du métanéphros*. - L'embryon mesure 11 à 14 mm.

SEMAINE	STADE ET JOURS	ÉVOLUTION DU DÉVELOPPEMENT
SEMAINE 7	STADE 18 J 44- J 48	- Début de l'ossification du squelette. - Formation des rayons digitaux des bourgeons des membres inférieurs - Augmentation de volume du thalamus - L'embryon mesure 13 à 17 mm.
	STADE 19 J 48 - J 50	- Les doigts sont séparés. - L'embryon mesure 16 à 18 mm.
SEMAINE 8	STADE 20 J 50 - J 52	- Aspect palmé des orteils. - Les membres présentent trois segments. - Courbure des membres supérieurs au niveau des coudes et des genoux (par flexion du segment moyen sur le segment proximal) puis orientation des mains et des pieds. - Le cloisonnement cardiaque est complet. - L'embryon mesure 18 à 22 mm.
	STADE 21 J 52 - J 54	- La veine cave supérieure est formée ainsi que les principales branches de l'arc aortique. - Les membres sont parasagittaux - L'embryon mesure 22 à 24 mm.
	STADE 22 J 54 - J 56	Les orteils sont libres. L'embryon mesure 23 à 28 mm.
	STADE 23 J 56 - J 60	L'embryon est formé et mesure environ 27 à 31 mm.

IV. La classification animale

1) Classification de Linné (encore appelée classification classique)

Naturaliste et médecin suédois (1707-1778), Carl Von Linné est un naturaliste « fixiste ». Pour lui, les espèces vivantes ont été créées avec une morphologie immuable qui n'a pas varié depuis leur création.

La classification linnéenne est basée sur une hiérarchie de catégories dans lesquelles l'ordre des taxons* est fondé sur des critères morphologiques de ressemblance sans qu'aucune relation génétique ou phylogénétique soit établie entre les espèces. Dans cette classification, les espèces sont hiérarchisées selon la séquence :

Domaine → règne → embranchement (aussi appelé phylum*) → classe → ordre → famille → genre → espèce.

Ainsi, pour prendre l'exemple de l'espèce humaine (Homo sapiens) :

D. Domaine : eucaryote*
E. Règne : animal
F. Embranchement : Vertébrés (qui font partie des Cordés*)
G. Classe : mammifères – Sous-classe : euthériens* (placentaires)
H. Ordre : primates
I. Famille : hominidés
J. Genre : Homo
K. Espèce : Homo sapiens.

Par ailleurs, Linné a mis au point la nomenclature dite « binominale*».

Ce système, largement utilisé aujourd'hui, donne deux noms latins à toutes les espèces vivantes, ainsi, pour *Homo sapiens* :

- le premier nom, écrit avec une majuscule, donne le genre (*Homo*) ;
- le deuxième nom, écrit avec une minuscule, donne l'espèce (*sapiens*).

2) Classification phylogénétique cladistique

Elle s'appuie sur l'arbre phylogénétique* qui est un arbre schématique qui montre les relations de parenté entre organismes vivants et montre quels caractères sont vraiment les mêmes chez plusieurs espèces et qui sont hérités d'un ancêtre commun. Les groupes définis sont dits monophylétiques* : ils regroupent un ancêtre commun hypothétique et tous ses descendants.

Charles Darwin fut un des premiers scientifiques à proposer une histoire des espèces représentée sous la forme d'un arbre.

Chacun des nœuds de l'arbre permet d'identifier les homologies* (similitude morphologique résultant d'une ascendance commune avec des caractères partagés par l'ancêtre et tous ses descendants) et les homoplasies* (ressemblance entre deux structures, non héritée d'un ancêtre commun).

V. Les principaux stades évolutifs

Nous verrons que tout changement évolutif se fait vers la complexité et qu'il est irréversible.

1) Les organismes unicellulaires : les protozoaires*

Chaque organisme est constitué d'une seule cellule à noyau distinct assurant toutes les fonctions.

2) Les organismes pluricellulaires : les métazoaires*

Ce sont des animaux dont l'organisme est pluricellulaire et eucaryote*. Le groupe des métazoaires comporte 1.200 000 espèces décrites.

Chez les métazoaires, les cellules se spécialisent pour une fonction donnée. Elles perdent leur totipotence* par répression de certains gènes : on a alors un assemblage des cellules qui formeront les feuillets* embryonnaires (ou morphogénétiques) qui seront à l'origine des différents organes.

1. Les différents stades des métazoaires

A. Les diploblastiques* (ou didermiques)

Aux stades précoces de l'évolution embryonnaire, le développement de la plupart des êtres vivants présente le même « processus évolutif », notamment dans la mise en place des feuillets et il est parfois difficile de distinguer les embryons d'espèces différentes.

Ce développement débute par un stade unicellulaire (l'œuf) qui, au moment de la gastrulation, passe par le stade diploblastique* (ou didermique) à 2 feuillets. Chez les animaux diploblastiques, le développement s'arrête à ce stade.

Les diploblastiques sont des animaux aquatiques qui font partie des métazoaires.

Sur les deux feuillets embryonnaires qu'ils possèdent, le feuillet externe ou ectoderme, forme la paroi tégumentaire du corps et le feuillet interne ou endoderme, constitue la paroi digestive. Ils sont dépourvus de tête : ce sont des acéphales, et leur système nerveux est diffus.

Les métazoaires didermiques n'ont qu'une polarité. Ce sont des organismes aquatiques, que l'on retrouve aussi bien dans le milieu marin qu'en milieu dulcicole*.

Les premiers diploblastiques, qui sont apparus il y a environ 660 millions d'années, regroupent :

a) Les spongiaires* ou éponges, qui n'ont ni symétrie ni organes.

b) Les cnidaires*, qui ont une symétrie radiaire ou circulaire et des cellules organisées en tissus. Les cnidaires regroupent les animaux capables d'injecter du venin, destiné à capturer leurs proies. Ils comportent, entre autres, les anémones de mer et les méduses.

c) Les cténaires*, organismes qui présentent deux plans de symétrie. Ils n'ont ni tête ni mésoderme. Ils ressemblent beaucoup aux méduses mais sans cellules urticantes.

B. Les triploblastiques*

Les triploblastiques forment un groupe monophylétique, c'est-à-dire un groupe qui comprend un ancêtre commun et l'ensemble de ses descendants.

Chez les métazoaires triploblastiques, il y a apparition d'un 3e feuillet embryonnaire : le mésoderme, qui s'insère entre les deux feuillets existants : l'endoderme et l'ectoderme. Le mésoderme permet la différenciation d'organes internes (appareil excréteur, organes génitaux) et de la musculature. Avec ce 3e feuillet, il y a l'apparition d'un axe antéro-postérieur et de la symétrie bilatérale. L'animal a donc une région antérieure, une postérieure et une orientation dorso-ventrale. Le déplacement se fait tête vers l'avant.

Les premiers triploblastiques sont apparus il y a 555 millions d'années.

Chez l'embryon humain, le mésoderme, qui représente le troisième feuillet se forme de J 15 à J 21 (fin de la 3e semaine), période à laquelle l'embryon, qui était jusque-là didermique (avec 2 feuillets embryonnaires), devient tridermique. Le devenir des différents feuillets embryonnaires restera globalement identique depuis les Vertébrés inférieurs jusqu'à l'espèce humaine.

a) La céphalisation*

La céphalisation est un développement des appareils sensoriels et du système nerveux : elle favorise la coordination des mouvements. Les organes sensoriels se regroupent dans la région antérieure, au voisinage d'un système nerveux principal (encéphale). C'est le développement de la tête lorsqu'il existe un « cerveau ».

b) Apparition du cœlome* : les acœlomates et les cœlomates.

Le cœlome est une cavité qui se forme au cours du développement embryonnaire de certains groupes d'animaux (dont les mammifères), appelés pour cette raison « cœlomates ».
Les diploblastiques ne possèdent pas de cœlome : ce sont des acœlomates.

Il existe deux groupes de triploblastiques : les cœlomates et les acœlomates, différenciés par la structure du mésoderme.

Chez les Vertébrés il existe trois cœlomes. Chez l'être humain, les cavités cœlomiques et leurs parois forment les cavités pleurales des poumons, la cavité péricardique qui abrite le cœur et la cavité péritonéale qui renferme les viscères.

À partir des cœlomates, on a deux grandes lignées évolutives distinctes : les protostomiens* et les deutérostomiens*.

a. Les Cœlomates protostomiens (les hyponeuriens*)

Chez ces cœlomates, la tête a un rôle sensoriel, le thorax a une fonction locomotrice et l'abdomen a un rôle viscéral.
Le système nerveux est toujours ventral : ce sont des hyponeuriens.

Parmi les protostomiens se trouvent les vers segmentés, les Mollusques (escargots, « coquillages » et les Arthropodes* (crustacés, insectes, araignées).

Ce sont des animaux invertébrés très anciens, dont les premières espèces qui étaient aquatiques sont apparues il y a environ 540 millions d'années au début du Cambrien.

Les Arthropodes représentent le plus grand embranchement animal de la planète ; ils regroupent 1,5 million d'espèces.

Tous les Arthropodes sont organisés en segments (ou métamères), semblables qui portent chacun en général une paire de pattes.

On distingue cinq groupes principaux d'Arthropodes :

- Les insectes, animaux terrestres, qui sont les Arthropodes les plus nombreux.
- Les arachnides* : scorpions et araignées,
- Les crustacés, aquatiques : crabes et crevettes,
- Les myriapodes* (les mille-pattes) qui peuvent posséder plusieurs dizaines de pattes,
- Les trilobites* (fossiles), qui ont constitué une classe d'Arthropodes marins fossiles, étaient des animaux apparus au cours de l'ère primaire durant le Paléozoïque il y a 525 millions d'années au cours du Cambrien. Les derniers

ont disparu 300 millions d'années plus tard lors de l'extinction de masse à la fin du Permien, il y a 250 millions d'années.

b. Les Cœlomates deutérostomiens

On distingue :

- L'embranchement des Epithélioneuriens*

Organismes restés marins qui n'ont pas de céphalisation et dont le système nerveux, superficiel, est sous-épithélial, associé au tégument, d'où le terme d'épithélioneuriens. Le groupe des épithélioneuriens comprend surtout les échinodermes apparus il y a plus de 500 millions d'années tels les Oursins et les étoiles de mer.

- L'embranchement des Epineuriens* ou Cordés

Les Cordés sont un embranchement des triploblastiques deutérostomiens caractérisés par la présence d'une corde*.

Le plus ancien Cordé connu, Pikaia, daté du Cambrien inférieur (- 530 millions d'années) a été découvert au Canada en 1911.

Le système nerveux des Cordés est dorsal, d'où la dénomination d'épineuriens et ils sont caractérisés par un axe de soutien : la corde, située dorsalement à l'appareil digestif, un pharynx percé de fentes branchiales et un système nerveux central sous la forme d'un tube dorsal situé derrière la corde et qui se termine au niveau de la partie antérieure du tube nerveux dont la lumière s'élargit, par la vésicule cérébrale.

Les fentes branchiales des Cordés (appelées également fentes pharyngées) ont un rôle essentiellement respiratoire.

Chez les Vertébrés, les fentes pharyngées possèdent un squelette composé de baguettes cartilagineuses qui n'existent pas chez les Céphalocordés et les Urocordés* qui sont invertébrés et qui sont souvent réunis dans le groupe des « Procordés ».

En fait, chez les Vertébrés supérieurs, les fentes pharyngiennes régressent après s'être ébauchées dans les premiers stades du développement embryonnaire.

Les Cordés réunissent trois embranchements qui présentent le même type d'organisation : les Céphalocordés*, les Urocordés* (ou Tuniciers) et les Vertébrés.

⇒ Les Céphalocordés (environ 20 espèces)

Ce sont des invertébrés marins ayant l'aspect de petits poissons mobiles. La corde s'étend sur la totalité du corps en pénétrant dans la tête (d'où le nom de Céphalocordés). Ils sont représentés par l'Amphioxus (ou Lancelet).

La topographie de leur appareil circulatoire ressemble à celle des Poissons mais il n'y a ni cœur ni globules sanguins ni hémoglobine.
La propulsion de sang est assurée par la contractilité de plusieurs vaisseaux

Le système nerveux central est constitué par un tube nerveux situé derrière la corde. C'est la position dorsale de ce système nerveux qui donne aux Cordés le caractère épineurien.

Ce système nerveux comporte deux parties selon le diamètre de sa lumière :

- La moelle épinière, qui représente la plus grande partie du tube nerveux,

- La vésicule cérébrale (ou frontale) correspond à la partie antérieure élargie du tube nerveux.

Le système nerveux périphérique est constitué de nerfs dits segmentaires (deux paires de nerfs par segment) qui partent du tube nerveux.

⇒ Les Urocordés ou Tuniciers (environ 1.300 espèces)

Les Tuniciers doivent leur nom à ce qu'ils sont enveloppés d'une tunique plus ou moins épaisse de cellulose, secrétée par l'épiderme.

Ce sont également des organismes marins invertébrés. Seules leurs larves, qui prennent une forme de têtard, conservent le plan d'organisation primitif des Cordés.

Après métamorphose, la plupart des adultes perdent les structures qui caractérisent les Cordés. Ils perdent leur queue et leur corde et également une grande partie de leur tube nerveux.

En 2006, en comparant les génomes d'espèces de tuniciers, de Céphalocordés et de Vertébrés actuels, une équipe franco-canadienne a reconstruit les liens de parenté entre ces trois groupes, et a conclu que les tuniciers seraient les « plus proches parents » des Vertébrés.

⇒ Les Vertébrés (51.000 espèces)

- Caractéristiques des Vertébrés

Les Vertébrés représentent l'embranchement majeur du phylum des Cordés. Il existe actuellement plus de 50 000 espèces vivantes de Vertébrés qui ont en commun les caractéristiques suivantes :

- Un tube nerveux dorsal qui constitue le système nerveux central, mis en place au moment de la neurulation*.

Dans sa partie antérieure, sa lumière se dilate dans un premier temps en une vésicule unique qui va rapidement se diviser en trois vésicules qui définissent :

- Le cerveau antérieur ou prosencéphale, associé à l'organe olfactif, qui va secondairement se diviser en deux vésicules : le télencéphale et le diencéphale.

- Le cerveau moyen ou mésencéphale, associé à l'organe visuel.

- Le cerveau postérieur ou rhombencéphale, associé à l'oreille interne, qui va à son tour se diviser en deux vésicules : le métencéphale et le myélencéphale.

De cet encéphale divisé en 5 parties partent 10 à 12 paires de nerfs crâniens, le tout protégé par un squelette : le neurocrâne*.

Tous les Vertébrés des différentes espèces ont un prosencéphale, un mésencéphale et un rhombencéphale.

- Une corde dorsale (mais située en avant du tube nerveux) tige rigide et élastique qui représente le squelette axial des embryons et qui disparait en général chez l'adulte.

- Un tube digestif dont la partie antérieure, dénommée pharynx branchial, communique chez l'embryon directement avec l'extérieur par des fentes branchiales dont le rôle est respiratoire chez les adultes des Cordés inférieurs aquatiques.

Cette structure à fentes branchiales persiste chez les poissons et apparait pour ensuite disparaitre chez tous les autres embryons.

L'oxygénation du sang (appelée hématose) est réalisée au niveau des arcs aortiques, vaisseaux pairs qui irriguent les parois des fentes branchiales.

- Un appareil circulatoire qui est clos et qui comporte des globules rouges porteurs d'hémoglobine.
- Un cœur comportant plusieurs cavités.

Le cloisonnement du cœur est total chez les oiseaux et les mammifères et partiel chez les dipneustes*, les amphibiens (dont le cœur a deux oreillettes et un ventricule non cloisonné) et les Reptiles (dont le cœur a deux oreillettes et un ventricule partiellement cloisonné).

Le cloisonnement atrial (des oreillettes) est général chez les Vertébrés pulmonés. Les dipneustes n'ont pas de valves auriculo-ventriculaires.

Nous verrons plus loin comment l'évolution du cloisonnement cardiaque chez l'embryon humain au cours de l'ontogenèse reproduit fidèlement l'évolution du cloisonnement cardiaque chez les différentes espèces animales qui se sont succédé au cours de la phylogenèse*.

- Le développement des reins comporte une succession de systèmes néphrotiques (pronéphros*, mésonéphros* et métanéphros*).

Seuls les Agnathes* comme la lamproie n'ont qu'un pronéphros.

Le mésonéphros est l'organe excrétoire dominant chez les poissons. L'individualisation du métanéphros par rapport au mésonéphros s'accompagne de la séparation des reins et des organes génitaux. Les voies génitales femelles dérivent du pronéphros, tandis que le mésonéphros est à l'origine des canaux génitaux mâles.

Nous verrons également comment, chez l'embryon humain, cette succession reflète le développement phylogénétique des Vertébrés.

- Classification des Vertébrés

L'embranchement des Vertébrés comporte deux sous-embranchements : les Agnathes et les Gnathostomes, probablement issus d'un ancêtre commun.

Le monophylétisme* des Gnathostomes ne fait pratiquement aucun doute : tous les Vertébrés à mâchoires descendent d'un ancêtre commun encore inconnu qui vivait probablement à l'Ordovicien, entre - 488 et - 443 millions d'années.

- Les Agnathes

Ce terme désigne l'ensemble des Vertébrés sans mâchoire. Les premiers Agnathes ont été des Poissons recouverts de plaques osseuses dermiques pouvant former une véritable cuirasse. Ils entrent dans le taxon des ostracodermes.

Il n'est pas certain que les Agnathes aient été primitifs par rapport aux Gnathostomes et, bien que les Agnathes soient apparus au début de l'ordovicien (il y a environ - 500 millions d'années) et les Gnathostomes à partir de l'ordovicien supérieur (vers - 450 millions d'années), il semblerait qu'Agnathes et Gnathostomes soient issus d'un ancêtre commun.

Les Agnathes actuels sont les Myxines (sans vertèbres donc exclues des Vertébrés) et les Lamproies, Vertébrés marins, réunis dans la classe des Cyclostomes. L'ensemble des Vertébrés et des Myxines constitue le groupe monophylétique* des Crâniates*.

- Les Gnathostomes

Ils constituent un groupe monophylétique au sein des Vertébrés et réunissent tous les autres Vertébrés pourvus de mâchoire et répartis en cinq classes :

▪ La classe des Poissons

Ils constituent un groupement paraphylétique* (sans les Myxines et les Lamproies) qui se divise en :

- Poissons cartilagineux (sous-classe Chondrichtyens, monophylétique) : raies, squales.

- Poissons osseux (sous-classe des Ostéichtyens) : qui comporte deux taxons frères :

- Les Actinoptérygiens*, dont les Téléostéens* (95% des poissons actuels).

- Les Sarcoptérygiens*

▪ La classe des Amphibiens

Les amphibiens sont les premiers Vertébrés terrestres, apparus il y a 360 millions d'années, au cours du Dévonien, parmi des « poissons » sarcoptérygiens, munis de poumons et de nageoires osseuses.

Ils se sont diversifiés et sont devenus un groupe prédominant au cours du Carbonifère (de - 359 Ma à - 299 Ma) et du début du Permien (de - 299 Ma à - 251 Ma).

Le plus petit amphibien (et plus petit vertébré) au monde est une grenouille de Nouvelle-Guinée, qui mesure 7,7 mm. Le plus grand amphibien vivant est la Salamandre géante de Chine avec 1,8 m.

▪ La classe des Reptiles

Les Reptiles sont des Vertébrés à sang froid, ovipares, à respiration pulmonaire. Leurs embryons sont enfermés chacun dans un œuf et se développent dans une poche amniotique (ce sont des amniotes).

La classification actuelle des Reptiles les regroupe dans le clade* des sauropsidés*, qui comprend également les oiseaux. Cependant, ce clade ne comprend pas les espèces de Reptiles fossiles à l'origine des mammifères, classés dans les synapsides*.

Ce groupe se subdivise en deux grands super-ordres :

- Les chéloniens*, regroupant les tortues.
- Les diapsides*, comportant tous les autres Reptiles.

Dès l'apparition au Carbonifère d'un stade « Reptile » à partir des Amphibiens primitifs, il semble que deux lignées se soient différenciées très tôt : l'une, dite Diapside, qui a conduit aux Dinosaures, aux Oiseaux et aux Reptiles actuels, et l'autre, dite Synapside, qui a abouti aux Reptiles mammaliens (appelés Thérapsides*) et aux Mammifères.

- L'ordre des Squamates* (encore appelés Saurophidiens*) rassemble les Reptiles à écailles et qui changent régulièrement de peau : les Sauriens* ou lézards et les Ophidiens ou serpents, soit 95 % des Reptiles actuels.

Au cours du permien, les Thérapsides vont progressivement acquérir presque tous les caractères des mammifères. Ils vont beaucoup se diversifier et avoir des styles de vie différents. Ce sont les ancêtres des mammifères actuels.

- La classe des Oiseaux

Les oiseaux sont des Vertébrés tétrapodes* ailés, amniotes à sang chaud, possédant un bec, une modification des membres antérieurs en ailes et un revêtement de plumes.

- Les théropodes* forment un groupe qui inclut tous les dinosaures carnivores depuis le Microraptor, qui atteignait à peine la taille d'un corbeau (et démontre le lien de parenté entre dinosaures et oiseaux, lesquels descendent d'une lignée de petits théropodes) à l'énorme Tyrannosaure, qui pouvait atteindre 14 mètres de long, 6 mètres de hauteur pour un poids de plus de 6 tonnes. Oiseaux et Reptiles sont souvent réunis dans le groupe des sauropsidés.

- La classe des Mammifères

Les Mammifères, qui regroupent plus de 5500 espèces, forment une classe d'animaux homéothermes*, caractérisés notamment par la présence de poils, de mamelles chez les femelles (à l'exception des monotrèmes, animaux qui se caractérisent par le fait qu'ils sont à la fois ovipares et mammifères : ils pondent des œufs, mais allaitent leurs petits, tel l'ornithorynque). Les mammifères, qui forment un taxon monophylétique se caractérisent également par la présence d'un néocortex* cérébral et l'articulation de la mandibule.
Les plus anciens fossiles de mammifères remontent à 225 millions d'années, époque où apparaissaient également les dinosaures.

Il y a 3 sous-classes de mammifères :

- La sous-classe des Euthériens :

Appelés également placentaires, ils forment la sous-classe la plus importante des mammifères. La caractéristique de cette classe est que les embryons se développent entièrement dans le corps de leur mère, et sont alimentés pendant la grossesse grâce au placenta.

La sous-classe des Protothériens (ou monotrèmes) :

Elle comporte 5 espèces dont l'ornithorynque. Les protothériens sont mammifères et ovipares : ils pondent des œufs qui ont une enveloppe membraneuse et, après éclosion, une dizaine de jours plus tard, les petits commencent à lécher le lait qui s'écoule des glandes mammaires.

- La sous-classe des Métathériens* (ou Marsupiaux)

Les Métathériens sont vivipares, mais la période de gestation est très courte car les petits se développent dans l'utérus mais incomplètement car il n'y a pas de placenta. Après la parturition, les petits entrent dans une poche ventrale de la mère (ou marsupium, d'où le nom de Marsupiaux) où ils se fixent à la tétine d'une mamelle pour y terminer leur développement. On pense que les Marsupiaux sont apparus en Amérique du Nord puis qu'ils se sont répandus en Asie et en Afrique.

VI. Les principales étapes de l'embryologie animale.

Chez tout animal, le début de l'embryogenèse passe d'abord par un stade unicellulaire : formation d'un œuf qui, après segmentation (qui est une succession de divisions cellulaires), passe par le stade de blastula puis lors de la gastrulation, devient diploblastique (à deux feuillets embryonnaires).
Chez les métazoaires diploblastiques, qui ont fait leur apparition il y a environ 660 Ma (dont les trois embranchements sont : les spongiaires*, les cnidaires* et les cténaires*), le développement s'arrête à ce stade.

Les métazoaires dont le développement se poursuit sont des animaux triploblastiques (à trois feuillets embryonnaires) qui ont fait leur apparition il y a 555 millions d'années.

Chez les Vertébrés, ces trois feuillets ont une évolution assez univoque :

1) **L'ectoderme,** à partir duquel se formeront :

1. Le système nerveux central et périphérique (sa formation est désignée sous le terme de neurulation),

2. Les organes des sens,

3. L'épiderme de l'embryon.

2) **Le mésoderme**, à partir duquel se formeront :

a) Le derme,
b) Le squelette interne (colonne vertébrale),
c) Les muscles,
d) le cœur,
e) les reins et les voies génitales.

3) L'endoderme, à partir duquel se formeront :

Les voies et les glandes digestives.
La neurulation suit et se superpose à la gastrulation.

Elle aboutit à la formation d'une plaque neurale* qui va évoluer en gouttière neurale puis en tube neural.

Le tube neural crânial va se transformer en vésicules cérébrales (ou vésicules encéphaliques) dont les trois premières sont :

a) le prosencéphale, qui va se subdiviser pour donner naissance d'une part à deux vésicules télencéphaliques (qui donneront les ventricules cérébraux chez l'adulte), et d'autre part au diencéphale.

b) le mésencéphale
c) le rhombencéphale.

Il y a également individualisation des crêtes neurales, qui sont des excroissances dont les cellules vont migrer dans tout l'organisme et vont distribuer aux viscères des relais nerveux végétatifs.

Latéralement au niveau crânial, le tissu neural s'organise en nerfs crâniens, qui sont au nombre de douze paires chez tous les Vertébrés.

Tous les Cordés (dont les Vertébrés) ont une organisation métamérique* qui résulte de la fragmentation du mésoblaste para-axial en segments identiques, les métamères (également appelés somites*).

Enfin, tous les Vertébrés voient apparaitre pendant leur développement, au niveau de l'extrémité céphalique, six arcs branchiaux séparés par des fentes branchiales et parcourus par six arcs aortiques qui transportent le sang propulsé par un tube cardiaque.

CHAPITRE 2

Des théories de l'évolution aux connaissances actuelles

« La découverte consiste à voir ce que chacun a déjà vu et d'y voir ce que personne n'avait imaginé ».

Albert Szent, prix Nobel de médecine 1937

Plusieurs théories ont tenté d'expliquer l'évolution d'abord des animaux puis des humains depuis l'apparition de la vie sur la terre.
Pour mieux les comprendre, revenons d'abord sur la définition de deux termes : l'ontogenèse et la phylogenèse.

- L'ontogenèse décrit les transformations que subit un organisme au cours de son développement depuis sa conception jusqu'à sa forme mature. Ce terme s'applique aussi bien aux êtres vivants non humains qu'aux êtres humains.

- La phylogenèse définit l'histoire évolutive d'une espèce.

I. Les théoriciens de l'évolution

Les diverses théories concernant l'apparition et l'évolution de la vie sur la terre ont été élaborées à la fin du 18e et au cours des 19e et 20e siècles par des scientifiques de diverses nationalités. Ce sont, par ordre d'année de naissance :

1) Jean-Baptiste Lamarck (1744 -1829)

Jean-Baptiste Lamarck est un naturaliste français.

Il est le fondateur de la biologie en tant que science de la vie ou science des êtres vivants et l'auteur d'une théorie dite transformiste* fondée sur deux principes :

1. Le caractère toujours plus complexe des êtres vivants

2. La diversification et la transformation des êtres vivants en de nombreuses espèces en raison de la nécessité pour eux de s'adapter aux contraintes de leur milieu en modifiant leur comportement et leurs organes.

Lamarck illustre cette théorie de la transformation et de l'évolution des êtres vivants en citant le cas de la girafe dont le cou s'est progressivement allongé pour atteindre facilement les feuilles des arbres les plus hauts.

Cette adaptation de la girafe à son milieu par allongement de son cou se serait ensuite transmise aux générations suivantes. En effet, Lamarck ne doutait pas de la transmission des caractères acquis et a intégré ce principe à sa propre théorie de l'évolution. Pour lui, la génération spontanée est à l'origine de la vie.
En effet, Lamarck considère que les êtres vivants les plus simples (qu'on appellerait aujourd'hui unicellulaires) apparaissent par génération spontanée.

Cela revient à considérer que pour lui, l'apparition de la vie sur terre ne nécessite aucune intervention divine, puisque les seules lois de la nature suffisent.

Selon ce principe, la nature crée directement les formes les plus simples, et les formes les plus complexes dérivent nécessairement des premières par transmission des caractères acquis jusqu'à ce que soient formés, au cours des millénaires, des êtres vivants aussi complexes que les mammifères et l'homme. Il y a donc une évolution des espèces. Ce principe est la base de la théorie du transformisme*.

2) Georges Cuvier (1769–1832)

Georges Cuvier est un naturaliste français, initiateur de la paléontologie* au XIXe siècle.

Il énonce la loi des corrélations organiques selon laquelle il existe entre tous les organes d'un même animal une corrélation telle que la connaissance d'un seul organe permet de déduire celle de tous les autres, permettant ainsi de reconstituer l'ensemble du corps d'un animal. Ainsi, Cuvier a pu, à partir de quelques débris, reconstituer et classer des animaux qui ont disparu aujourd'hui.

Cuvier est partisan de la fixité des espèces, s'opposant ainsi au transformisme de Lamarck. Il défend l'idée que la disparition et l'apparition de plusieurs espèces en même temps sont le résultat de catastrophes naturelles de type séismes ou inondations, la terre étant ensuite repeuplée par de nouvelles espèces ou par des espèces originaires d'autres régions. Ce point de vue a été qualifié de « catastrophisme ».

3) Charles Lyell (1797-1875)

Charles Lyell est un géologue britannique qui a fait connaitre le principe de l'uniformitarisme*, selon lequel la terre a été façonnée lentement sur une très longue période par des forces qui n'ont pas disparu. Son plus important travail concerne la stratigraphie*.

De 1830 à 1833 dans son œuvre intitulée « *Principes de géologie* », il tente d'expliquer les changements de la surface de la terre par des causes encore existantes actuellement. Pour lui, *« le présent est la clé du passé ».*

Cette idée s'oppose au catastrophisme soutenu par Cuvier.

4) Charles Robert Darwin (1809-1882)

Charles Darwin est né en Angleterre en 1809.

Il interrompt au bout de deux ans des études de médecine pour étudier la théologie.

En 1831, il s'embarque en tant qu'accompagnateur sur le Beagle, un bateau en partance pour cartographier les côtes d'Amérique du Sud.

C'est dans l'archipel des Galapagos, dans le Pacifique, en 1835 que ses observations l'amènent à élaborer sa théorie sur l'évolution des espèces qui ne sera publiée qu'en 1859 sous le titre *« De l'origine des espèces par la sélection naturelle ».*

Les iles Galapagos abritent quatorze espèces différentes de pinsons appartenant à quatre genres qui se différencient notamment par la taille et la forme de leur bec.
Darwin a noté que les pinsons étaient isolés géographiquement car chaque espèce occupait une ile différente et qu'ils présentaient des différences morphologiques.

En effet, il avait remarqué que certains oiseaux de la même espèce (en l'occurrence des pinsons) présentaient des différences morphologiques au niveau de leur bec selon l'ile où ils se trouvaient. Certains pinsons à petit bec se nourrissaient essentiellement de graines de petite taille, provenant de plantes herbacées, alors que d'autres, à gros bec, pouvaient se nourrir de graines plus grosses et plus dures.

Il en a conclu que ces oiseaux s'étaient adaptés à leur milieu, en modifiant la forme de leur bec en fonction des différentes sortes de nourritures qu'ils rencontraient sur place. C'est ainsi que Darwin a été amené à établir un lien direct entre la végétation, donc le régime alimentaire de chaque espèce, et ses caractéristiques morphologiques, en l'occurrence la forme du bec.

Compte tenu du fait que chaque espèce occupait une île différente, il en a conclu que l'isolement géographique a pu mener à la formation d'espèces distinctes (ce qu'on appelle la spéciation* allopatrique*) à partir d'ancêtres communs. Cependant, comme l'a fait Wallace (cf. p. 51), on peut se poser la question de savoir pourquoi, dans un milieu donné, aucun fossile d'espèces antérieures et intermédiaires aux espèces existantes qui ont survécu par adaptation à ce milieu n'ait été retrouvé.

La théorie de Darwin sur l'évolution des espèces repose sur deux postulats :

1. L'évolution des espèces s'explique par la sélection naturelle basée sur l'inégalité des chances de reproduction des êtres vivants, qui leur impose, pour survivre, d'adapter leur organisme au milieu dans lequel ils vivent.

2. Tous les organismes descendraient d'un ancêtre commun dont l'origine serait inconnue et auraient évolué plusieurs millions d'années en s'adaptant progressivement à leur environnement. Il en concluait que la faculté que possède une espèce de s'adapter aux conditions environnementales est le moteur principal de son évolution.

Cependant, l'adhésion à la théorie de Darwin implique l'acceptation de la transmission des caractères acquis, hypothèse d'une importance majeure pour la compréhension de certains phénomènes héréditaires et qui semble désormais être démontrée (cf. p. 54 « l'apport de l'épigénétique »).

Darwin représentait l'évolution des espèces par un arbre avec un tronc et des branches qui se ramifient, symbolisant la diversité des organismes existants. À chaque embranchement de l'arbre se trouverait l'ancêtre à l'origine de nouvelles lignées dont les espèces seraient la descendance modifiée d'espèces plus anciennes.

Voici l'arbre phylogénétique dessiné par Darwin, tiré de son premier ouvrage publié en 1837 intitulé *« First notebook on transmutation of Species »*

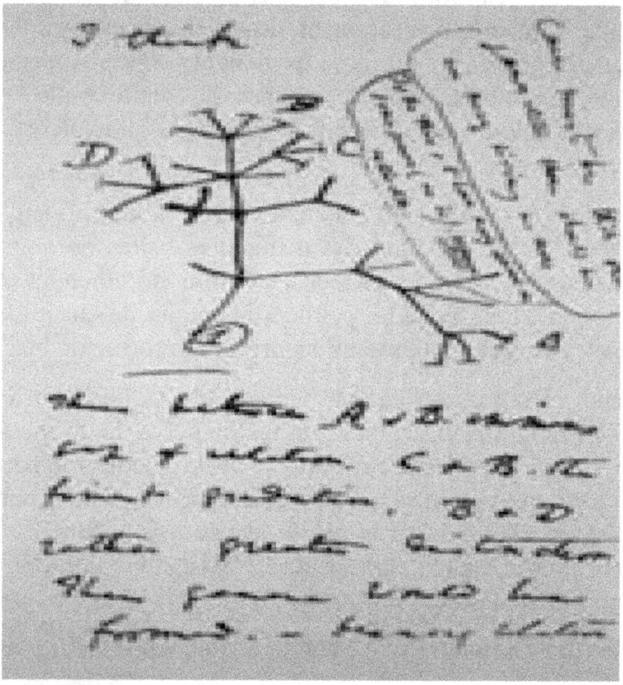

5) Alfred Russel Wallace (1823-1913)

Alfred Russel Wallace est un naturaliste, biologiste et anthropologue britannique. Il est le codécouvreur de la théorie de l'évolution par la sélection naturelle avec Charles Darwin.

Constatant comme Darwin, une différence d'évolution de certaines espèces par rapport à d'autres semblables en fonction de modifications environnementales, Wallace s'est cependant demandé pourquoi on ne retrouvait pas d'espèces intermédiaires, mais il n'a pu apporter de réponse.

6) Thomas Henry Huxley (1825-1895)

Thomas Henry Huxley, biologiste, zoologiste et paléontologue britannique, est un partisan de la théorie de l'évolution.

Il a démontré les parentés existantes entre Reptiles et oiseaux, qui sont des Vertébrés tétrapodes. En 1864 il les réunit dans un groupe qu'il nomme les Sauropsidés.

7) Ernst Haeckel (1834-1919)

Ernst Haeckel est médecin et biologiste allemand. C'est lui qui a créé le terme « écologie ». Disciple de Darwin, Haeckel a été le premier à proposer l'idée de l'origine commune de tous les organismes et est également à l'origine de la théorie de la récapitulation qu'il propose en 1866. Selon Haeckel, *« l'ontogenèse récapitule la phylogenèse »* c'est-à-dire que les différentes étapes de la formation de l'embryon récapitulent l'histoire évolutive de l'espèce. Ainsi, partant de l'individu, il devenait théoriquement possible de remonter à ses ascendants.

Selon la théorie de la récapitulation, la forme adulte d'une espèce dite inférieure, correspond, par l'anatomie d'un ou de plusieurs de ses éléments, à un stade du développement embryologique d'une espèce qui lui est supérieure ou du moins d'apparition postérieure.

En résumé :

Chaque animal reproduit en se développant les étapes par lesquelles sont passés ses ancêtres à chaque stade de leur évolution.

À l'appui de la théorie de Haeckel, pour en prouver la réalité et expliquer le fait que des aspects morpho-anatomiques d'un ancêtre adulte réapparaissent durant le développement des descendants, deux principes ont été évoqués :

- Un premier principe a envisagé la possibilité d'un allongement de l'ontogenèse des descendants, leur permettant « d'additionner » les caractères acquis par leurs ancêtres.

Cependant, pour les détracteurs de la théorie de Haeckel, cet allongement ne pourrait pas être infini sous peine de repousser continuellement l'âge adulte des descendants.

- Un second principe a ensuite évoqué la possibilité d'un mécanisme correcteur consistant, au contraire, en un raccourcissement de l'ontogenèse. Ce deuxième principe, dit de condensation, consiste en un « resserrement » de l'ensemble des stades ontogénétiques afin de « laisser de la place » pour les stades nouvellement acquis, ce resserrement se traduisant par une traversée plus rapide par les descendants des stades évolutifs de leurs ancêtres.

Nous verrons plus loin, que la « vitesse » d'évolution de l'embryon n'est pas constante au cours de l'embryogenèse et qu'elle reflète la « vitesse » d'évolution et de transformation des espèces animales correspondantes.

Freud et Haeckel :

Freud pensait que la psyché individuelle et la pensée collective obéissaient aux mêmes lois.

La théorie établie par Haeckel selon laquelle *« l'ontogenèse récapitule la phylogenèse »* permettait à Freud d'expliquer cette intuition et de relier les mécanismes de la psyché individuelle (comparée à l'ontogenèse) à la pensée collective (comparée à la phylogenèse), en établissant une relation de cause à effet entre l'ordre d'apparition des psychonévroses chez les individus et les étapes traumatiques qui ont marqué l'évolution de l'humanité.

II. Connaissances actuelles concernant les origines de l'homme

Qu'il s'agisse de la théorie de l'évolution des espèces par la sélection naturelle de Darwin, de celle du transformisme de Lamarck ou de la théorie de la récapitulation de Haeckel, il ressort une convergence pour accréditer, comme l'ont fait Darwin et Haeckel, l'hypothèse d'une évolution progressive des espèces et d'une ascendance commune.

La réalité d'une transformation évolutive est attestée par l'existence des structures homologues* entre diverses espèces.

La séquence des monomères* de l'ADN des organismes d'espèces différentes qui sont apparentés présente des similitudes telles qu'on ne peut que penser que ces espèces ont un ancêtre commun.

L'hypothèse de Darwin se trouve confirmée par la biologie moléculaire qui a montré la quasi-universalité du code génétique et par le fait que l'épigénétique* semble désormais accréditer la thèse de la possibilité de transmission des caractères acquis.

1) L'hominisation*

L'hominisation est le processus qui a progressivement transformé une lignée de primates en humains. Ce processus évolutif a concerné ce qu'on a désigné sous le terme de lignée des Hominidés à partir de la divergence entre le dernier ancêtre commun aux grands singes et aux Hommes, il y a une dizaine de millions d'années.

L'homme et les grands singes (chimpanzé, gorille) sont très proches entre eux morphologiquement.

Plus de 100 espèces d'hominidés existent durant le Miocène (période qui débute il y a 23 millions d'années). C'est durant cette période que la lignée humaine et la lignée des chimpanzés et autres grands singes se séparent. Le plus ancien fossile de la lignée humaine, le fossile Toumaï, est daté d'environ 7 millions d'années. Cependant, Toumaï serait seulement très proche de la séparation de la lignée des grands singes actuels et des hominidés sans être un ancêtre de l'homme moderne.

Le caryotype de l'homme diffère de celui du chimpanzé par une paire de chromosomes (46 contre 48). En outre, 13 chromosomes sont identiques dans les deux espèces et les autres chromosomes ne diffèrent que par des modifications limitées.
On estime à 98 % l'identité génétique des deux espèces. Ces similitudes révèlent une parenté étroite.

Les analyses moléculaires montrent que la séparation de ces deux lignées remonte entre 5 et 14 millions d'années.

Notre ancêtre commun n'a pas encore été identifié. Pour certains, il pourrait s'agir du Ramapithèque, mais cette hypothèse ne fait cependant pas l'unanimité.

2) L'apport de la génétique

L'anthropologie moléculaire, qui permet de préciser les parentés entre espèces modernes, et les progrès du séquençage de l'ADN, notamment du génome* mitochondrial*, ont éclairé la compréhension des origines de l'homme.

En effet, la génétique a permis de préciser qu'après la sortie hors d'Afrique et du Proche-Orient de l'homme moderne (Homo sapiens) et son arrivée en Europe il y a environ 100 000 ans, son croisement avec l'homme de Neandertal aurait duré entre 50 000 et 80 000 ans. Par ailleurs, la génétique a également permis de découvrir que nous possédons des séquences ADN communes avec l'homme de Neandertal. La comparaison des ADN montre que 1 à 4 % du génome humain actuel pourrait provenir des Néandertaliens et n'est pas présent chez les Africains.

En Europe, il y a eu un recul progressif de Neandertal au profit de Sapiens. Il y a 40 000 ans, Neandertal occupait pratiquement toute l'Europe de l'Albanie à l'Espagne.

Il y a 35 000 ans, Homo sapiens commençait sa progression à partir de l'Europe de l'Est. Neandertal se cantonnait en France et dans l'ouest de la péninsule ibérique.

Il y a 30 000 ans, Homo sapiens a remplacé Neandertal sur l'ensemble de l'Europe, ne lui laissant que quelques zones au sud du Portugal et dans la région sud-ouest de la France.

3) l'apport de l'épigénétique

L'épigénétique correspond à l'étude des changements dans l'activité des gènes n'impliquant pas de modification de la séquence ADN et pouvant néanmoins être transmis lors des divisions cellulaires, accréditant ainsi la thèse de la possibilité de transmission des caractères acquis.
Contrairement aux mutations qui affectent la séquence ADN, les modifications épigénétiques sont réversibles.

Ainsi, la connaissance de la séquence de l'ADN ne permet pas à elle seule d'expliquer le fonctionnement des gènes puisque bien que toutes les cellules d'un individu aient un génome identique, leur destinée peut être très différente certaines se transformant en cellules de la peau, d'autres en cellules musculaires, ou en neurones, c'est-à-dire en autant de cellules différentes qu'il y a de tissus et d'organes.

L'épigénétique s'applique de la façon la plus probante lors du développement de l'embryon, période au cours de laquelle s'effectue la différenciation des cellules de l'organisme.

Ainsi, l'épigénétique devrait permettre de comprendre comment s'effectue le passage du génotype au phénotype, c'est à dire des gènes à l'ensemble des caractères d'un individu.

L'épigénétique trouve également toute sa place dans le domaine de la santé dans la mesure où l'expression d'un gène peut être modifiée par un facteur environnemental comme l'ont montré en 1965 les prix Nobel François Jacob, Jacques Monod et André Lwoff.

Ainsi, l'environnement pourrait, en modulant l'activité de certains gènes sans modifier la séquence de l'ADN, induire des maladies potentiellement transmissibles à la descendance, même longtemps après la disparition du signal inducteur.

Par ailleurs, certaines variations de l'état épigénétique normal survenues soit accidentellement soit sous l'effet de facteurs environnementaux pourraient être en cause dans la survenue de certaines maladies humaines chroniques.

Enfin, il est important de savoir si l'épigénétique peut être compatible avec les théories de l'évolution et notamment, celle de Lamarck en jouant un rôle dans l'adaptation à une modification de l'environnement.

Selon Jonathan Weitzman (directeur du Centre épigénétique et destin cellulaire, Université Paris–Diderot-CNRS) « l'épigénome* pourrait permettre aux individus d'explorer rapidement une adaptation à une modification de l'environnement sans pour autant graver ce changement adaptatif dans le génome ».

Il reste à démontrer que l'environnement pourrait jouer un rôle dans la survenue de ces variations adaptatives comme le pensait Lamarck.

Comme nous le verrons plus loin, les modifications importantes des espèces se sont produites le plus souvent à l'occasion de grands mouvements terrestres qui ont été suivis de périodes d'extinction ou de radiation.

Si cela devait se confirmer, comme semblent le démontrer le tableau et le graphique de correspondance entre ontogenèse et phylogenèse (cf. p. 102 et p. 115) ce serait un argument en faveur du rôle joué par l'épigénome dans l'adaptation des individus aux modifications de leur environnement.

CHAPITRE 3

Mise en évidence du lien entre ontogenèse et phylogenèse chez l'embryon humain

I. Hypothèse de travail

Comme nous l'avons vu, c'est Haeckel qui, en 1866, a proposé ce qu'il a appelé « la théorie de la récapitulation » selon laquelle « l'ontogenèse récapitule la phylogenèse ». Autrement dit, dans l'espèce humaine, les différentes étapes de la formation de l'embryon humain récapitulent notre histoire évolutive.

Pour accréditer cette théorie qui ne fait actuellement toujours pas l'unanimité, il fallait apporter des preuves tangibles d'une correspondance entre les modifications observées sur des organes à différents stades de leur développement chez l'embryon humain, et l'apparition successive d'espèces animales présentant chacune, au stade adulte, une morpho-anatomie reproduisant les mêmes modifications évolutives que celles observées chez l'embryon.

II. Méthodologie

Pour pouvoir comparer les étapes de l'évolution embryonnaire et établir leur relation avec l'apparition des diverses espèces animales, il a fallu tout d'abord résoudre un problème de correspondance entre la durée du développement de l'embryon humain qui est de 60 jours et qui comporte des dates de formation d'organes précises à 2-3 jours, et les dates des périodes auxquelles sont apparues les espèces animales de référence qui s'échelonnent sur une durée de plus de 600 millions d'années.

Prenons l'exemple du cœur fœtal (sur lequel nous reviendrons plus précisément) : sa formation durant l'embryogenèse s'échelonne sur 32 jours (de J18 à J50) alors que les périodes au cours desquelles les espèces animales prises en référence (c'est à dire dont l'anatomie définitive du cœur correspond pour chacune d'entre elles à une étape de la formation du cœur de l'embryon humain) vont de -555 millions d'années pour les triploblastiques au cœur à cavité unique à -225 millions d'années pour les mammifères au cœur à 4 cavités.

Ainsi, les 32 jours mis par l'embryon humain pour « fabriquer » un cœur à 4 cavités résument les 330 millions d'années qui auront été nécessaires à cinq espèces animales successives : triploblastiques, poissons, amphibiens, Reptiles et mammifères pour parvenir à ce stade d'évolution.

En d'autres termes, en ce qui concerne la formation du cœur (mais nous verrons que cela se confirme pour les autres organes), 32 jours d'ontogenèse résument 330 millions d'années de phylogenèse.

Afin d'éviter de trop grandes erreurs de datation en tentant de préciser à un jour près l'évolution d'un organe embryonnaire, nous avons choisi d'utiliser les stades de Carnegie qui regroupent chacun plusieurs jours d'évolution embryonnaire (cf. p. 25 *Chronologie du développement de l'embryon humain).*

Pour établir des comparaisons crédibles et exploitables, nous avons réalisé un graphique sur lequel étaient portés en abscisse les jours (de J1 à J60) et les 23 stades de Carnegie du développement de l'embryon humain, et en ordonnée les périodes, en millions d'années, auxquelles sont apparues les diverses espèces animales dont les caractéristiques anatomiques correspondaient à celles de l'embryon. Ont également été notés les évènements géologiques qui sont survenus au cours de ces périodes et qui ont joué un rôle majeur dans la disparition et l'apparition de certaines espèces animales.

Pour établir une courbe, nous avons pris, au départ, trois évènements repères fiables, c'est à dire dont les dates de survenue sont reconnues :

- Le premier repère que nous avons choisi est le point d'intersection entre le stade de l'embryogenèse au cours duquel l'embryon devient tridermique (apparition du 3e feuillet embryonnaire) c'est-à-dire au stade 8 de Carnegie (3e semaine) et la période d'apparition des triploblastiques, premiers animaux à posséder 3 feuillets, il y a 555 millions d'années. Nous obtenons ainsi un premier point.

- Le second repère est le point d'intersection entre le stade de l'embryogenèse au cours duquel se forme chez l'embryon, à partir d'un tube cardiaque primitif un cœur à deux cavités : une oreillette et un ventricule, c'est à dire au stade 11 de Carnegie (4e semaine). Cette disposition correspond à celle du cœur de la majorité des poissons à commencer par les Cyclostomes (Agnathes, poissons apparus il y a 500 millions d'années).

- Le troisième repère est le point d'intersection entre le stade de l'embryogenèse au cours duquel débute la formation des membres inférieurs, c'est à dire au stade 13 de Carnegie (5e semaine) et d'autre part la période d'apparition des Gnathostomes, il y a 450 millions d'années, premiers poissons à posséder des nageoires paires pelviennes dont on sait qu'elles sont à l'origine des membres postérieurs des tétrapodes (donc des membres inférieurs chez l'embryon humain).

Par ailleurs, la formation des membres postérieurs est suivie « de peu » par le stade de l'embryogenèse au cours duquel le cerveau de l'embryon passe du stade de trois à cinq vésicules (stade 14 de Carnegie), morpho-anatomie correspondant également à celle du cerveau des Gnathostomes.

Ces trois premiers points repères ont servi de base pour l'établissement d'une courbe de correspondance entre ontogenèse et phylogenèse (cf. p. 115).

III. Résultats

Nous verrons qu'ils mettent en évidence une correspondance entre les stades du développement de l'embryon humain, l'anatomie de nouvelles espèces animales et les bouleversements géologiques.

Les éléments anatomiques embryonnaires de comparaison ont été choisis en raison du fait que la datation des étapes de leur développement est bien connue et qu'il en est de même des périodes géologiques auxquelles sont apparues les différentes espèces animales prises en référence.

Nous étudierons successivement :

- La formation du cœur
- La formation des poumons
- La formation des reins
- La formation et l'évolution des arcs branchiaux
- La formation des membres
- La formation de l'encéphale

1) Formation du cœur

L'anatomie actuelle du cœur de l'embryon humain est l'aboutissement d'un parcours évolutif qui a commencé avec les triploblastiques, premiers animaux à 3 feuillets (ectoderme, mésoderme et endoderme) apparus il y a 555 millions d'années chez qui on constate pour la première fois l'existence d'un tube cardiaque primitif.

Auparavant, les métazoaires diploblastiques (animaux à 2 feuillets apparus il y a environ 660 millions d'années) ne possédaient pas de système circulatoire.

Chez l'embryon humain, c'est au cours de la 3e semaine, vers le 18e jour du développement (stade 8 de Carnegie) que se forme un tube cardiaque primitif à cavité unique à partir de la fusion de deux tubes endocardiques (ce phénomène se produit chez l'ensemble des Vertébrés).
À J 22, les battements cardiaques vont apparaitre.

À partir de la 4e semaine du développement embryonnaire, le tube cardiaque primitif qui possède au départ une cavité unique va évoluer : il va présenter une série de constrictions et de dilatations qui vont le subdiviser et contribuer à former les diverses chambres cardiaques : le sinus veineux qui collecte le sang veineux et le dirige vers l'atrium (oreillette primitive), lequel dirige le sang vers le ventricule, qui est la pompe cardiaque proprement dite et enfin le bulbe cardiaque qui, relié à l'aorte, permet l'éjection du sang.

Ces transformations, qui se déroulent de J24 à J26 (stade 11 de Carnegie), aboutissent à la subdivision du tube cardiaque primitif qui présente dès lors deux cavités proprement dites : une oreillette et un ventricule disposés en série.

Cette disposition correspond à celle du cœur de la majorité des poissons à commencer par les Cyclostomes (les Agnathes apparus il y a 500 millions d'années, puis les Gnathostomes il y a 450 millions d'années).

Le cœur proprement dit d'un poisson adulte comporte deux compartiments : l'atrium (pour l'arrivée du sang vers le cœur) et le ventricule (pour l'éjection du sang du cœur). Le cœur des poissons est celui dont la morphologie est la plus simple et il est normal qu'au cours de son développement embryologique, ce cœur ne soit passé que par le stade de tube cardiaque primitif, puisque c'est la seule formation qui l'ait précédé.

Ensuite, chez l'embryon humain, l'oreillette primitive va se cloisonner. La cloison séparant les oreillettes est appelée septum primum. Celui-ci se met en place vers le 33e jour du développement. Ce septum primum sera ultérieurement « doublé » au 40e jour (stade 16 de Carnegie) par un septum secundum qui complètera la cloison. Lors de sa formation, cette cloison prend contact avec le septum qui sépare les oreillettes et les ventricules (septum atrio-ventriculaire). Le cœur comporte alors deux oreillettes et un seul ventricule.

À ce stade, cette disposition anatomique du cœur embryonnaire à trois cavités se rencontre pour la première fois chez les amphibiens apparus il y a 360 millions d'années.

La larve d'amphibien (têtard qui a un mode de vie totalement aquatique) possède un cœur similaire à celui des poissons, composé de deux compartiments. Il envoie le sang vers les branchies où il est oxygéné.

Au cours de la métamorphose débute un processus de plicature lié à l'apparition de la circulation pulmonaire et qui aboutit à la formation d'un cœur à 3 cavités. Ce stade, qui correspond à la sortie des eaux, est marqué par la perte de la respiration branchiale et correspond à l'acquisition de la respiration pulmonaire chez les Vertébrés.

Le 42e jour (stade 17 de Carnegie), le ventricule du cœur de l'embryon humain est partiellement cloisonné.

Cette disposition anatomique d'un cœur possédant deux oreillettes et un ventricule partiellement cloisonné se rencontre pour la première fois chez les Reptiles, apparus il y a 340 millions d'années.

Le développement embryologique de leur cœur est d'abord passé par un stade reproduisant la morpho-anatomie du cœur d'un poisson adulte (cœur à deux cavités) puis celle d'un amphibien (cœur à trois cavités dont un ventricule non cloisonné).

Ensuite, grâce au cloisonnement du ventricule par un septum qui se met en place à partir du 42e jour (septum interventriculaire), le cœur de l'embryon humain sera totalement cloisonné et va comporter, vers le 50e jour (stade 20 de Carnegie), 4 cavités (deux oreillettes et deux ventricules) qui communiqueront par des valves et qui permettront la future séparation des circulations pulmonaire et systémique. Ces deux circulations seront fonctionnelles à la naissance après la fermeture de la communication physiologique présente entre les deux oreillettes durant la vie fœtale, encore appelée trou de Botal.

Le premier cœur à quatre cavités se rencontre chez les mammifères, apparus il y a 225 millions d'années, puis chez les crocodiliens, apparus il y a 200 millions d'années, et enfin chez les oiseaux, apparus il y a 160 millions d'années.

En résumé :

Les différents stades du développement du cœur de l'embryon humain, qui s'échelonnent entre la 4e et la 8e semaine de gestation correspondent chacun à l'anatomie définitive du cœur d'espèces animales apparues successivement :

- Au stade 8 de Carnegie, l'anatomie du cœur embryonnaire correspond à celle du cœur des triploblastiques, apparus il y a 555 millions d'années.

- Au stade 11 de Carnegie, l'anatomie du cœur embryonnaire correspond à celle du cœur de la majorité des poissons, et en premier les Agnathes, apparus il y a 500 millions d'années.

- Au stade 16 de Carnegie, l'anatomie du cœur embryonnaire correspond à celle du cœur des amphibiens, apparus il y a 360 millions d'années.

- Au stade 17 de Carnegie, l'anatomie du cœur embryonnaire correspond à celle du cœur des Reptiles, apparus il y a 340 millions d'années.

- Au stade 20 de Carnegie, l'anatomie du cœur de l'embryon correspond à celle du cœur des mammifères, apparus il y a 225 millions d'années.

Si nous considérons le seul développement du cœur de l'embryon humain, les 330 millions d'années qui ont été nécessaires pour qu'il acquière, à travers l'apparition et l'évolution des espèces animales sa morphologie et sa complexité actuelles, sont résumés par 32 jours de développement embryonnaire.

On peut donc estimer, en ne considérant que l'évolution du cœur, qu'un jour de développement embryonnaire (d'ontogenèse) correspond en moyenne à 10,3 millions d'années d'évolution des espèces (de phylogenèse).

2) Formation des poumons :

1. Chez l'embryon humain

Les poumons se forment au cours de la 4e semaine à partir d'un diverticule dit respiratoire qui est une évagination ventrale de l'intestin antérieur.

Le développement pulmonaire passe par 5 stades ou périodes et se termine en fin de grossesse. Nous ne nous intéresserons qu'à la première période, dite embryonnaire qui débute au cours de la 4e semaine et se termine à la 8e semaine (qui marque la fin de la période embryonnaire et le début de la période fœtale).

Le début de la formation des poumons chez l'embryon humain correspond à la présence des Gnathostomes, poissons à mâchoire apparus il y a 450 millions d'années, chez qui le poumon des Vertébrés apparait pour la première fois. Ce poumon (appelé « appareil respiratoire aérien ») vient en complément d'une respiration branchiale. Il s'agit d'un poumon sacculaire* qu'on retrouvera chez les premiers tétrapodes terrestres et chez le fœtus humain au terme de 36 semaines (8 mois de grossesse).

Du 26e au 28e jour du développement embryonnaire (stade 12 de Carnegie), le diverticule respiratoire va s'accroitre et se diviser en bourgeons bronchiques qui seront à l'origine des bronches primaires et des deux poumons, tandis que la partie proximale du diverticule formera la trachée et le larynx.

Le développement se poursuit ensuite chez le fœtus jusqu'au terme de la grossesse, période d'acquisition de la maturité pulmonaire.

2. Chez les Dipneustes et les amphibiens

Les dipneustes (dont le nom signifie "respiration double") sont des Poissons Sarcoptérygiens. Ceux-ci, apparus vers la fin du Silurien (- 443 Ma à

- 416 Ma), ont donné deux lignées principales : les Actinistiens*, dont les descendants sont les cœlacanthes, et les Rhipidistiens*, Vertébrés marins fossiles dont les descendants sont les tétrapodes et les dipneustes.

Ces deux lignées divergent au début du Dévonien (- 416 Ma à - 359 Ma). Les tétrapodes sont divisés entre quatre groupes, Amphibiens, Reptiles, Oiseaux et Mammifères, les trois derniers correspondant aux Amniotes.

Au plan morphologique, les dipneustes, cousins des tétrapodes, ont des poumons fonctionnels à côté de branchies et représentent une transition entre les poissons et les amphibiens.

Leurs nageoires rayonnées et leur attache articulée préfigurent les pattes des tétrapodes. Ce sont des poissons d'eau douce possédant en plus des branchies, un poumon rudimentaire mais fonctionnel qui leur permet de survivre en respirant hors de l'eau lorsque celle-ci est pauvre en oxygène.
Ils possèdent, comme les Sarcoptérygiens, une mâchoire articulée, et les dents se couvrent d'émail.

Le cœlacanthe fait partie du groupe des Crossoptérygiens* dont il est le dernier spécimen existant.
Les deux espèces de cœlacanthes encore vivants actuellement possèdent un organe graisseux dont le contenu a été identifié comme étant le vestige d'un poumon ancestral, régressé et non fonctionnel.

Par ailleurs, l'examen des embryons de cœlacanthe a permis de découvrir qu'au départ de sa vie, le poisson développe un poumon à un stade accéléré, puis la croissance s'interrompt, et l'organe graisseux prend le relais (la vessie natatoire* pourrait être une évolution de ces poumons anciens).

Le rôle de cette poche de graisse est de permettre au cœlacanthe d'adapter sa flottabilité et de pouvoir ainsi évoluer dans les eaux profondes, en particulier à partir des crises environnementales du Crétacé (de - 145 à - 66 millions d'années) et du Paléogène (de - 65 à - 23 millions d'années), alors qu'auparavant, les poissons vivaient en surface dans des eaux peu profondes où ils avaient besoin de poumons mais pas de vessie natatoire.

Les premiers Amphibiens apparus il y a 360 millions d'années ont un appareil respiratoire qui n'est pas différent de celui des Poissons pulmonés.
Leur poumon est sacculaire.

C'est chez les Amphibiens qu'on voit apparaitre à côté du développement des poumons un double système circulatoire. La reproduction des amphibiens se passe dans l'eau.

La larve, qui a un mode de vie aquatique, respire par l'intermédiaire de branchies tandis que l'adulte est doté de poumons et respire à l'air libre.

Cependant, la ventilation pulmonaire n'assure pas la totalité des échanges respiratoires et une respiration cutanée complémentaire est nécessaire.

3. Chez les Reptiles

L'appareil respiratoire des Reptiles qui sont apparus il y a 340 millions d'années, est représenté par un poumon cloisonné, formé le plus souvent d'une ou plusieurs cavités, mais secondairement monocavitaire chez certains Squamates, en particulier les serpents qui ne possèdent qu'un seul poumon.

4. Chez les mammifères

L'appareil respiratoire aérien des mammifères apparus il y a 225 millions d'années évolue vers un poumon broncho-alvéolaire.

5. Chez les oiseaux,

L'appareil respiratoire des oiseaux apparus il y a 160 millions d'années a une structure tubulaire entre deux ensembles de sacs aériens : crâniens et caudaux. L'air circule dans un seul sens contrairement aux autres poumons où l'air fait des mouvements de va-et-vient au cours d'un cycle inspiration/expiration, ce qui permet une consommation d'oxygène élevée.

Ainsi, le système respiratoire des amniotes est pulmonaire.

En résumé :

La formation du système respiratoire de l'embryon humain débute au cours de la 4e semaine de son développement (stade 12 de Carnegie), marqué par la formation des bourgeons bronchiques qui seront à l'origine des bronches primaires et des deux poumons et qui se poursuivra jusqu'au terme de la grossesse.

La formation du système respiratoire de l'embryon correspond à l'apparition, il y a 450 millions d'années, des Gnathostomes, premiers Vertébrés à posséder une respiration pulmonaire.

3) Formation des reins

Le rein humain, comme celui de l'ensemble des amniotes (Reptiles, mammifères et oiseaux) est le métanéphros. Ce rein définitif est la 3e structure rénale qui succède à deux structures provisoires : le pronéphros et le mésonéphros.

1. Le pronéphros,

Rein provisoire et non fonctionnel, le pronéphros apparait en premier au début de la 4e semaine (22e jour, stade 10 de Carnegie) du développement embryonnaire et disparaitra rapidement (vers le 26e jour). Il persistera cependant comme seul vestige du pronéphros, un canal qui prend par la suite le nom de canal mésonéphrotique ou canal de Wolff qui régressera si l'embryon est féminin et évoluera en divers organes sexuels (épididyme, vésicule séminale et canal déférent) si l'embryon est masculin.

Enfin, le pronéphros persistera chez les Agnathes, poissons primitifs apparus il y a 500 millions d'années, dont il est le rein définitif. C'est le cas de la lamproie, vertébré le plus primitif vivant actuellement.

2. Le mésonéphros

Au pronéphros va succéder, à la fin de la 4e semaine (27e jour, stade 12 de Carnegie) une seconde structure rénale, le mésonéphros, qui sera encore un rein provisoire chez l'embryon humain mais le rein fonctionnel et définitif à l'âge adulte, des poissons Gnathostomes, apparus il y a 450 millions d'années, puis des amphibiens. Le rôle du pronéphros est d'induire le mésonéphros. Le mésonéphros disparaitra à son tour vers la fin de la 5e semaine pour laisser la place au métanéphros.

3. Le métanéphros

Sa formation commence au début de la 6e semaine, vers le 38e jour, pour se terminer vers le 48e jour. Chez l'embryon, la formation du métanéphros correspond aux stades 15 à 19 de Carnegie.

Le métanéphros est le rein définitif des amniotes : en premier lieu des Reptiles apparus il y a 340 millions d'années, puis des Mammifères apparus il y a 225 millions d'années et enfin des oiseaux apparus il y a 160 millions d'années.

Ainsi, chaque stade de la formation des reins d'une espèce animale correspond au rein définitif et de complexité croissante d'une espèce adulte l'ayant précédée.

Compte tenu du fait que, chez l'embryon humain, la formation de chaque structure rénale se déroule sur plusieurs jours, ce qui, en théorie, correspond à plusieurs dizaines de millions d'années en temps géologique, nous avons choisi de situer la présence de chaque structure rénale au stade de Carnegie correspondant sensiblement à la période du milieu de leur formation chez l'embryon.

C'est ainsi que, dans le tableau de correspondance entre ontogenèse et phylogenèse, le pronéphros est indiqué au stade 10 de Carnegie, le mésonéphros au stade 12 et le métanéphros au stade 17.

En résumé :

Alors que chez les mammifères il ne représente que le premier des trois appareils rénaux différents qui se succèdent pendant la vie embryonnaire, le pronéphros représente le rein définitif de certains poissons primitifs comme la lamproie.

Chez les anamniotes* (Cyclostomes, les Poissons et les Amphibiens), deux structures rénales se succèdent et le mésonéphros est leur rein définitif.

Chez les amniotes (Reptiles, oiseaux et mammifères), trois structures rénales se succèdent (avec disparition de la structure précédente) et le métanéphros est leur rein définitif.

La succession des systèmes néphrotiques qui aboutiront à la formation du rein définitif de l'embryon humain : pronéphros, mésonéphros et métanéphros, qui s'échelonnent entre la 4e et la 6e semaine de son développement, reproduisent l'évolution phylogénétique des reins des Vertébrés et correspondent chacun aux reins définitifs d'espèces animales apparues successivement :

- Le pronéphros, 1er stade du développement du rein embryonnaire et présent chez l'embryon au stade 10 de Carnegie, correspond au rein définitif des Agnathes, apparus il y a 500 millions d'années.

- Le mésonéphros, 2e stade du développement du rein embryonnaire et présent chez l'embryon au stade 12 de Carnegie correspond au rein définitif des Gnathostomes, premiers poissons à mâchoire apparus il y a 450 millions d'années.

- Le métanéphros représente le 3e et dernier stade du rein définitif de l'embryon humain chez qui il est présent au stade 17 de Carnegie. Il sera le rein définitif des amniotes : d'abord des Reptiles apparus il y a 340 Ma, puis des Mammifères apparus il y a 225 Ma et enfin des oiseaux apparus il y a 160 millions d'années).

Si l'on considère l'évolution des reins à travers les espèces animales, 50 millions d'années se sont écoulés entre l'apparition des Agnathes, il y a 500 millions d'années, première espèce a ne posséder qu'un pronéphros et l'apparition des Gnathostomes il y a 450 Ma, premiers poissons à posséder un mésonéphros.

110 millions d'années ont été encore nécessaires pour voir apparaitre le métanéphros, rein définitif de l'embryon humain, présent d'abord chez les Reptiles, il y a 340 millions d'années, première espèce à le posséder comme rein définitif.

Chez l'embryon humain, les 5 jours qui se sont écoulés entre le début de la formation du pronéphros à J22 et celle du mésonéphros à J27 correspondent aux 50 millions d'années qui séparent les Agnathes des Gnathostomes, un jour d'évolution embryonnaire correspondant à 10 millions d'années en temps géologique.

De même, entre le début de la formation du mésonéphros à J27 et celle du métanéphros à J38, 11 jours se sont écoulés, correspondant aux 110 millions d'années qui séparent les Gnathostomes des Reptiles. Ici encore, un jour d'évolution embryonnaire correspond à 10 millions d'années en temps géologique.

Ainsi, au cours de son développement, l'embryon humain récapitule globalement en 16 jours, de J22 à J38, les 160 millions d'années qui ont été nécessaires pour qu'à travers l'évolution des différentes espèces animales qui se sont succédé (passage du pronéphros des Agnathes au métanéphros des Reptiles), le rein humain arrive à son anatomie et à sa complexité actuelles.

Cela conforte encore l'hypothèse selon laquelle il existe une concordance évolutive, sur deux échelles de temps, entre l'ontogenèse, exprimée en jours d'évolution embryonnaire et la phylogenèse, exprimée en millions d'années d'évolution des espèces animales.

Comme nous le verrons, la courbe de correspondance entre ontogenèse et phylogenèse (cf. p. 115) met parfaitement en évidence cette concordance.

4) Formation et évolution des arcs branchiaux.

Les arcs branchiaux, appelés aussi arcs pharyngés, sont des structures qui se rencontrent au cours du développement de tous les embryons de Vertébrés donc chez l'embryon humain chez qui ils sont au nombre de cinq. Ils sont à l'origine de la formation de la mâchoire et de nombreuses structures de la tête et du cou.

Les arcs branchiaux sont formés à partir des sept premiers somitomères* qui sont des éléments embryonnaires transitoires, précurseurs des somites, qui sont situés de part et d'autre du tube neural et de la corde le long de l'axe antéro-postérieur de l'embryon.

Les sept premiers somitomères ne deviennent pas des somites, mais chacun formera un arc branchial. À la fin de son développement, l'embryon humain possède 35 à 37 paires de somites.

Les somites sont à l'origine d'une partie du crâne, des vertèbres, des côtes, de la musculature du cou, de la paroi du corps et des membres, ainsi que de la peau, du derme et de l'hypoderme.

C'est chez les Agnathes, poissons sans mâchoire apparus il y a 500 millions d'années qu'ont été trouvés les premiers arcs branchiaux.

La plupart des poissons possèdent cinq paires d'arcs branchiaux. Sur ces arcs branchiaux s'insèrent des rangées de lamelles qui sont à l'origine des branchies.

Le 1er arc, appelé arc mandibulaire, apparu au stade 10 de Carnegie, sera à l'origine des mâchoires des Vertébrés, les premiers étant les Gnathostomes, poissons apparus il y a 450 millions d'années.

Le 2e arc est appelé arc hyoïde.

L'arc mandibulaire en avant, soutient la mâchoire, et l'arc hyoïde en arrière, suspend la mâchoire au crâne. Les arcs suivants sont à l'origine des branchies qui remplissent leur rôle dans l'oxygénation.

Les fentes branchiales ne persistent à l'état adulte que chez les Vertébrés aquatiques : elles s'ouvrent directement sur l'extérieur chez les Élasmobranches* (raies, requins) et sont recouvertes par un opercule* chez tous les autres Poissons.

1. **Chez les amphibiens,** les fentes branchiales se referment lors de la métamorphose.
2. **Chez les Sauropsidés** (Reptiles et oiseaux), elles se referment pendant la vie embryonnaire.
4. **Chez les Mammifères**, elles ne s'ouvrent pas, même chez l'embryon
5. **Chez l'embryon humain**

Au cours de la 4e semaine et au début de la 5e semaine du développement (du 22e au 30e jour), cinq arcs pharyngés vont apparaitre successivement dans l'ordre cranio-caudal. Ils sont numérotés de I, II, III, IV et VI car dans l'espèce humaine et chez les mammifères la paire n° V (qui existe chez les poissons) ne se développe pas.

Conjointement au développement des arcs pharyngés, vont apparaitre six paires d'arcs aortiques, vaisseaux qui vont aboutir à la formation de la crosse aortique et de ses branches.

Les arcs pharyngés sont situés sur la face externe de l'embryon, juste en dessous du bourgeon de la mâchoire supérieure et sont séparés les uns des autres par des sortes de fentes appelées poches branchiales, le tout formant des reliefs apparents caractéristiques.

Chez l'embryon humain, les arcs pharyngés vont être à l'origine de la formation de nombreuses structures de la face et du cou.

- Le 1er arc, appelé arc mandibulaire comme chez les poissons puisque son évolution sera quasiment identique, apparait au 22e jour du développement embryonnaire (stade 10 de Carnegie). Il contribuera à la formation des dents de la mâchoire inférieure.

Le cartilage allongé qui le compose (appelé cartilage de Meckel) donnera le marteau et l'enclume, petits os qui sont, avec l'étrier (qui provient du 2e arc) les 3 petits os de l'oreille moyenne (qui sont les plus petits de l'organisme).

Le maxillaire inférieur (appelé mandibule) se forme par ossification autour du cartilage de Meckel. Le 1er arc sera également à l'origine des muscles de la mastication et de la déglutition.

- Le 2e arc apparait à 24 jours de développement (stade 11 de Carnegie) et prend le nom d'arc hyoïdien.

Il sera à l'origine de l'étrier (3e os de l'oreille moyenne), d'une partie de l'os temporal et de l'os hyoïde, situé au-dessus du larynx dans la partie antérieure du cou.

- Le 3e arc apparait à 28 jours de développement (stade 12 de Carnegie).

Il sera à l'origine d'une partie de l'os hyoïde, de l'artère carotide commune et le début de la carotide interne. Il donnera également la partie la plus postérieure de la langue.

- Le 4e arc apparait au 29e jour du développement (stade 13 de Carnegie).

Son cartilage participe (avec celui du 6e arc) à la formation des cartilages du larynx. Il forme la crosse de l'aorte à gauche et la partie initiale de l'artère sous-clavière à droite. Il est à l'origine des muscles bucco-pharyngés de la déglutition et de la phonation.

- Le 5e arc ne se développe pas ou disparait rapidement. Il n'existe que chez les poissons.

- Le 6e arc (appelé également arc pulmonaire) apparaît au 30e jour du développement embryonnaire (stade 13 de Carnegie).

Il participe avec le cartilage du 4e arc, à la formation des cartilages laryngés.

Il participe également à la formation de la partie initiale des artères pulmonaires et donne le canal artériel à gauche (qui fait communiquer la crosse de l'aorte avec l'artère pulmonaire et qui se fermera à la naissance).

Le 6e arc sera à l'origine des muscles intrinsèques du larynx.

Tous les arcs pharyngés n'ont pas la même taille et le 2e, proéminent, recouvre les arcs suivants, comme l'opercule qui recouvre et protège les branchies et qu'on rencontre chez de nombreux poissons. À l'issue de l'embryogenèse, les arcs pharyngés formeront des sections de la mandibule, de l'oreille moyenne et du larynx et donneront naissance aux muscles de la tête et du cou.

En résumé :

Chez l'embryon humain, les 5 arcs pharyngés sont à l'origine de la formation de nombreuses structures de la face et du cou.

À J22 (stade 10 de Carnegie) apparait le 1er arc pharyngé qui correspond à l'apparition des Agnathes il y a 500 millions d'années, chez qui sont apparus les premiers arcs branchiaux.

À J27 (stade 12 de Carnegie) débute la formation de la mandibule avec la formation des bourgeons maxillaire et mandibulaire qui correspond à l'apparition, il y a 450 Ma, des Gnathostomes qui ont été les premiers Vertébrés à posséder une mâchoire par transformation des premiers arcs branchiaux.

Les 5 jours qui se sont écoulés entre l'apparition du 1er arc branchial et le début de la formation de la mandibule chez l'embryon humain correspondent aux 50 millions d'années qui séparent les Agnathes, chez qui ont été trouvés les premiers arcs branchiaux, des Gnathostomes, premiers Vertébrés à présenter une mâchoire. Ici encore, un jour d'évolution embryonnaire correspond à 10 millions d'années en temps géologique.

Nous retrouvons encore une concordance évolutive entre l'ontogenèse, exprimée en jours d'évolution embryonnaire et la phylogenèse, exprimée en millions d'années.

5) Formation des membres

Les membres appartiennent à deux types de structures : le type nageoires, appelé membre ptérygien* présents chez les cyclostomes et les poissons, et le type membre chiridien*, représenté par les membres locomoteurs des tétrapodes qui sont les amphibiens, les Reptiles, les oiseaux et les mammifères, dont l'espèce humaine fait partie.

1. Chez les Poissons

Les organes de la locomotion sont représentés par des nageoires impaires et des nageoires paires : celles-ci sont situées au niveau du tronc, articulées sur des ceintures qui sont des arcs squelettiques transversaux : ceinture antérieure en avant, porteuse d'une paire de nageoires pectorales, et ceinture postérieure en arrière porteuse d'une paire de nageoires pelviennes.

On sait actuellement que les nageoires paires trouvent leur origine dans la formation d'un repli natatoire pair (sorte de bourrelet), primitivement continu, situé en position latéro-ventrale sur les flancs des Vertébrés primitifs. Au cours de l'évolution, la partie moyenne du repli a disparu. La partie antérieure restante a formé la ceinture et la nageoire pectorale, et la partie postérieure la ceinture et la nageoire pelvienne.

On admet actuellement que les membres des tétrapodes dérivent des nageoires paires des poissons et que les premiers poissons avec nageoires paires thoraciques et pelviennes sont les Gnathostomes, apparus il y a 450 millions d'années.

Cependant, certains Agnathes cuirassés anciens (Ostéostracés), apparus au cours de l'Ordovicien (de - 488 Ma à - 443 Ma) et considérés comme le groupe le plus étroitement apparenté aux Gnathostomes, possédaient des nageoires paires pectorales, comparables aux nageoires pectorales des Gnathostomes.

La présence de quatre nageoires paires chez les poissons représente un caractère qu'on qualifie d'ancestral (plésiomorphie*). Ce caractère s'est transformé puisque les 4 nageoires paires sont devenues les quatre membres marcheurs des tétrapodes, et constituent ce qu'on appelle un caractère dérivé (une apomorphie*) par rapport au caractère ancestral.

2. Chez les tétrapodes

- Chez les tétrapodes primitifs, tel Ichtyostega*, qui étaient des amphibiens aquatiques, les membres étaient horizontaux à trois segments peu mobiles les uns par rapport aux autres. Ces membres étaient utilisés comme des pagaies.

- Chez les tétrapodes évolués (Amphibiens, Reptiles et Mammifères monotrèmes*), les membres sont transversaux :

  - Le stylopode* (segment proximal correspondant au bras ou à la cuisse) est perpendiculaire au plan sagittal de l'animal (horizontal par rapport au sol),

  - Le zeugopode* (segment moyen correspondant à l'avant-bras ou à la jambe et comportant deux os) est vertical.

  - l'autopode* (segment distal correspondant à la main ou au pied) est à plat sur le sol.

Il y a 415 millions d'années sont apparus les poissons Sarcoptérygiens constituant l'un des principaux groupes des Vertébrés à mâchoire (Gnathostomes) et ancêtres directs des premiers Vertébrés terrestres, dont les nageoires paires pectorales et pelviennes possédaient une articulation dite « monobasale », c'est à dire qui se réduisait à un seul élément (omoplate et humérus ou fémur), et des muscles permettant l'articulation indépendante des rayons (correspondant aux doigts).

Les nageoires charnues articulées étaient les prémices des pattes des tétrapodes. Les premiers tétrapodes ont été des animaux exclusivement aquatiques apparus à la fin du dévonien moyen entre -380 et -375 millions d'années.

Le Tiktaalik, découvert dans l'arctique Canadien, et qui a vécu il y a 375 millions d'années, était un Sarcoptérygien, considéré du point de vue anatomique comme la transition entre les poissons et les Vertébrés terrestres.

En effet, il possédait des nageoires qui contenaient un squelette interne préfigurant des doigts et qui commençaient à ressembler à des membres capables de se fléchir et qui se sont étendus par la suite pour devenir des pattes lui permettant de s'adapter à la vie terrestre.

Les premières sorties de l'eau dateraient du Dévonien supérieur avec Ichtyostega et Acanthostega.

- Ichtyostéga, qui a vécu il y a 365 millions d'années, était un Tétrapode avec des caractères de poisson. Il possédait des membres de tétrapodes, avec 3 articulations : hanche, genou, cheville, mais aussi une queue de poisson et sa respiration était à la fois branchiale et pulmonaire. Ses membres postérieurs étaient des palettes natatoires.

- Acanthostega était également un tétrapode primitif qui a vécu il y a environ 360 millions d'années. Il a été également parmi les premiers animaux Vertébrés à avoir des membres chiridiens reconnaissables.

Ces caractéristiques anatomiques en font un possible trait d'union évolutif entre les Sarcoptérygiens et les premiers tétrapodes.

3. Chez les Reptiles et les amphibiens

L'organe de la locomotion est le membre chiridien, articulé, comme les nageoires paires, sur une ceinture pectorale et une ceinture pelvienne, comme chez les Vertébrés supérieurs essentiellement terrestres.

Les trois segments sont disposés à 90° les uns des autres dans au moins deux plans perpendiculaires : le stylopode (segment proximal) est étendu dans un plan horizontal et perpendiculairement au corps, mais le zeugopode (segment moyen) est vertical et l'autopode (segment distal), appliqué au sol, est dirigé vers l'avant. Cette disposition primitive du membre est dite transversale. C'est le cas des Reptiles actuels.

4. Chez les Vertébrés supérieurs

Chez les Vertébrés supérieurs qui sont essentiellement terrestres, l'organe de la locomotion est le membre chiridien, articulé sur une ceinture pectorale et une ceinture pelvienne. Ce membre est composé de trois segments : un proximal (le stylopode) correspondant au bras ou à la cuisse, un segment moyen (le zeugopode) correspondant à l'avant-bras ou à la jambe, comportant deux os : le radius (ou le tibia) et le cubitus (ou ulna), et un segment distal (l'autopode) correspondant à la main ou au pied, terminé par cinq doigts.

Des modifications importantes interviennent au cours de l'histoire des tétrapodes dans l'orientation des divers segments du membre, par rapport au tronc et relativement les uns aux autres.

Les premiers mammifères n'avaient pas de membres parasagittaux et les membres des diverses espèces se sont adaptés au mode de déplacement selon les milieux dans lesquels ils évoluaient : sur la terre, ils se sont adaptés à la marche et au saut, et dans l'eau, à la nage. Il y a des mammifères dont les membres antérieurs se sont transformés en ailes par une membrane de vol reliée au corps et aux membres postérieurs telle la chauve-souris.

On assiste dans plusieurs lignées à la réalisation plus ou moins complète d'un membre parasagittal, mieux adapté à ses fonctions que le membre transversal primitif. Des transformations se sont produites chez certaines espèces de tétrapodes en fonction de leur adaptation à divers modes de locomotion : ainsi les pattes ont disparu chez des animaux serpentiformes, dont les orvets et les serpents (phénomène d'apodie*).

Les serpents sont classés parmi les tétrapodes, car l'étude des embryons de serpents montre qu'ils possèdent des pattes qui disparaissent ensuite au cours du développement. Les pattes des embryons sont une réminiscence temporaire de l'existence des pattes des tétrapodes qui ont disparu chez l'animal adulte.

En dehors des chiroptères* (chauves-souris), les pattes de devant se sont transformées en ailes chez les oiseaux et les ptérosaures* (groupe de Reptiles volants ayant vécu du Trias supérieur à la fin du Crétacé (de - 225 à - 65 millions d'années).

Chez les tétrapodes qui sont retournés à la vie aquatique, comme certains Reptiles (Tortues de mer) et Mammifères (Phoques, Cétacés), les membres se sont transformés en nageoires, tout en conservant une structure chiridienne sans retour à la structure ptérygienne classique des nageoires. Il s'agit d'un phénomène dit de convergence*.

5. Chez l'embryon humain

La formation des membres de l'embryon se déroule de la 4e à la 8e semaine (du stade 11 au stade 22 de Carnegie). Le développement des membres inférieurs est légèrement en retard par rapport à celui des membres supérieurs.

- Au stade 11 de Carnegie (de J24 à J26) :

- Le 25e jour :

Apparition sur les faces latérales de l'embryon des bourgeons des membres supérieurs en regard des six derniers métamères cervicaux et des deux premiers métamères thoraciques, sous forme d'excroissances sur la partie latérale du corps. Cette ébauche des membres supérieurs chez l'embryon humain à J25 correspond à l'apparition, il y a 500 millions d'années, des Agnathes, dont on sait qu'ils étaient les premiers à posséder des nageoires paires pectorales.

- Au stade 13 de Carnegie (de J29 à J32) :

- Le 29e jour :

Le même phénomène se produit avec l'apparition sur les faces latérales de l'embryon des bourgeons des membres inférieurs en regard des quatre derniers métamères lombaires et des trois premiers métamères sacrés.

Cette ébauche des membres inférieurs vers J29 correspond à l'apparition il y a 450 millions d'années des Gnathostomes, qui possédaient des nageoires paires thoraciques et également pelviennes.

- Au stade 14 de Carnegie (de J32 à J35) :

- Le 34e jour :

Les bourgeons des membres supérieurs donnent naissance aux palettes de la main, de l'avant-bras, du bras et de l'épaule. Cette évolution évoque tout à fait l'anatomie des Poissons Sarcoptérygiens apparus il y a 415 millions d'années, ancêtres directs des premiers Vertébrés terrestres, dont les nageoires paires pectorales et pelviennes ont une articulation dite « monobasale ».

- Au stade 15 de Carnegie (de J35 à J38) :

- Le 36e jour :

Les membres s'horizontalisent.

- Le 37e jour :

Développement de la palette des membres inférieurs avec ébauche de la formation du pied.

Au niveau du membre supérieur : les rayons digitaux apparaissent sur la palette des mains qui est repoussée vers l'extérieur.

- Du stade 16 au stade 20 de Carnegie (entre les 6e et 8e semaines), se produit un changement d'orientation des membres.

On assiste dans plusieurs lignées de tétrapodes à des modifications importantes dans l'orientation des divers segments du membre par rapport au tronc, pour réaliser finalement une disposition parasagittale du membre (les différents segments sont alors dans un plan vertical) telle qu'on la rencontre chez les mammifères, permettant à l'animal de supporter plus facilement le poids de son corps.

- Au stade 16 de Carnegie (de J38 à J41) :

- Le 38e jour :

Début de rotation des membres qui deviennent transversaux :

Au niveau des membres supérieurs : une rotation qui se fait en dehors, ce qui détermine la saillie du coude en arrière et l'accentuation de la position dorsale des muscles extenseurs.

Au niveau des membres inférieurs : une rotation qui se fait en dedans, ce qui détermine la saillie du genou en avant et le passage sur la face ventrale des muscles extenseurs.

Une flexion puis une rotation des muscles et des membres qui présentent alors trois segments : proximal, moyen et distal.

Cette disposition du membre est dite transversale et correspond à celle des tétrapodes primitifs (Ichtyostega et Acanthostega) puis aux membres des amphibiens (apparus il y a 360 millions d'années).

- Le 40e jour :

Les rayons digitaux des membres supérieurs sont séparés par des sillons approfondis, conférant à la main un aspect palmé, qu'on rencontre chez les premiers tétrapodes et les amphibiens il y a 360 millions d'années, alors que les rayons digitaux des membres inférieurs ne sont que visibles.

- Au stade 19 de Carnegie (de J48 à J50) :

- Le 49e jour (fin de la 7e semaine) :

Au niveau de la main, un phénomène d'apoptose* (mort cellulaire programmée), creuse des sillons entre les rayons digitaux, libérant les doigts qui sont alors individualisés.

- Au stade 20 de Carnegie (de J50 à J52) :

- Le 50e jour :

Au niveau des membres inférieurs, les orteils sont séparés par des sillons profonds, conférant au pied un aspect palmé.

- Au stade 21 de Carnegie (de J52 à J54) :

Les membres ont une position parasagittale comme chez les mammifères, apparus il y a 225 millions d'années.

- Au stade 22 de Carnegie (de J54 à J56) :

- Le 55e jour :

Les orteils sont libérés à leur tour (phénomène d'apoptose).

En résumé :

Les membres des tétrapodes actuels (regroupant les amphibiens, les Reptiles, les oiseaux et les mammifères, dont l'espèce humaine fait partie) dérivent des nageoires paires des poissons.

La formation des membres chez l'embryon humain passe par différents stades qui, pour la plupart, sont en corrélation avec l'apparition d'espèces animales, d'abord aquatiques, qui ont vu leurs nageoires évoluer du type ptérygium (adapté à la nage) vers le type chiridium (adapté à la marche ou au vol), leur permettant ainsi de s'adapter à la vie terrestre alors qu'ils vivaient dans un environnement aquatique vraisemblablement devenu hostile.

Les premiers poissons avec nageoires paires ont été très probablement les Agnathes primitifs (il y a 500 millions d'années) qui possédaient des nageoires paires thoraciques, puis les Gnathostomes qui possédaient des nageoires paires thoraciques mais aussi pelviennes.

Si un jour d'évolution embryonnaire correspond, en moyenne, à 10 millions d'années en temps géologique, nous voyons, sur le tableau de correspondance entre les stades du développement embryonnaire et les périodes d'apparition des espèces animales correspondantes (autrement dit entre ontogenèse et phylogenèse (cf. p. 102), que :

- L'ébauche des membres supérieurs chez l'embryon humain au stade 11 de Carnegie correspond à la présence des Agnathes il y a 500 millions d'années, dont on sait qu'ils possédaient des nageoires paires pectorales.

- L'ébauche des membres inférieurs, qui survient au stade 13 de Carnegie correspond à la présence des Gnathostomes, apparus il y a il y a 450 millions d'années, et qui possédaient des nageoires paires thoraciques et également pelviennes.

- L'apparition des palettes de la main, de l'avant-bras, du bras et de l'épaule au stade 14 de Carnegie correspond à l'anatomie des Poissons Sarcoptérygiens apparus il y a 415 millions d'années.

- Au stade 16 de Carnegie, le début de rotation des membres qui deviennent transversaux, présentent trois segments ainsi que l'existence d'un aspect palmé de la main, correspondent à la morpho-anatomie des membres des amphibiens apparus il y a 360 millions d'années.

- Au stade 21 de Carnegie (de J52 à J54), la position parasagittale des membres correspond à celle des mammifères apparus il y a 225 millions d'années.

Ainsi, on retrouve, pour la formation des membres comme pour les autres organes étudiés, une concordance évolutive étroite entre l'ontogenèse, exprimée en jours de développement embryonnaire et la phylogenèse, exprimée en millions d'années.

6) Formation de l'encéphale

1. Chez tous les Vertébrés

Le cerveau forme avec la moelle épinière le système nerveux central.
Le pôle céphalique est le siège du développement cranio-encéphalique. La plaque neurale se creuse pour former une gouttière neurale qui se ferme et aboutit à un tube neural. Au pôle céphalique, le tube neural se transforme pour donner naissance à trois vésicules encéphaliques (ou vésicules primaires) : le prosencéphale, le mésencéphale et le rhombencéphale.

Le tissu nerveux est constitué de neurones et de cellules de soutien composant la névroglie. Le corps cellulaire des neurones se trouve dans la substance grise alors que les axones, lorsqu'ils sont myélinisés (entourés par une gaine de myéline), forment la substance blanche.

Les 3 vésicules primaires vont se subdiviser en 5 vésicules secondaires :

- Le prosencéphale qui se subdivise en télencéphale, à l'origine de l'olfaction et des facultés intellectuelles supérieures (qui donnera naissance aux deux ventricules latéraux) et diencéphale, (qui donnera naissance au 3e ventricule) centre d'intégration dont le rôle est essentiel dans le contrôle des fonctions viscérales et endocrines, régulateur de l'homéostasie* par le thalamus et l'hypothalamus.

- Le mésencéphale, qui constitue la partie supérieure du tronc cérébral est le seul à ne pas se diviser.

- Le rhombencéphale se subdivise en métencéphale, cerveau de la coordination des mouvements et de l'équilibre qui donne naissance au cervelet et au 4e ventricule, et en myélencéphale, siège des activités végétatives essentielles qui donne naissance au bulbe rachidien et à la moelle épinière. Les ventricules cérébraux sont remplis de liquide céphalo-rachidien (encore appelé liquide cérébro-spinal).

Il y a 12 paires de nerfs crâniens.

Les différentes espèces de Vertébrés ont une organisation cérébrale similaire, en particulier tous les Vertébrés ont un prosencéphale, un mésencéphale et un rhombencéphale.

2. Chez les poissons

L'encéphale des poissons présente cinq vésicules et est caractérisé par la présence de deux bulbes olfactifs très volumineux (les poissons sont macrosmatiques*) qui prolongent deux vésicules télencéphaliques (futurs ventricules cérébraux). La paroi du ventricule du diencéphale est constituée par un petit thalamus, surmonté par l'épiphyse (glande endocrine qui secrète la mélatonine) et qui comporte également l'hypophyse, autre glande endocrine qui contrôle le système endocrinien.

3. Chez les amphibiens

Le développement initial est le même que celui des poissons : les trois vésicules primitives se différencient en cinq vésicules. En avant, les deux vésicules télencéphaliques se développent et ont tendance à recouvrir le diencéphale mais les tubercules olfactifs sont prépondérants. Au niveau du diencéphale, le thalamus devient plus important et forme les parois latérales du 3e ventricule. La partie inférieure de ces parois constitue un ensemble hypothalamique où se trouve la glande hypophyse.

4. Chez les Reptiles

Le cerveau reptilien est marqué par un début « d'enroulement » du télencéphale et par la formation du cervelet au niveau du rhombencéphale.

Les thalamus forment les parois du 3e ventricule. L'hypothalamus est plus marqué que chez les amphibiens. Chez presque tous les Reptiles, la quasi-totalité du télencéphale est dédiée à l'olfaction.

Le développement du cerveau des Reptiles reproduit l'anatomie du cerveau des poissons et des amphibiens et il représente la forme la plus évoluée des transformations de l'encéphale de ces deux espèces.

On note ainsi, au niveau de l'encéphale des Reptiles le début des transformations qu'on retrouve chez l'ensemble des amniotes :

- L'enroulement du télencéphale,
- Le développement de l'hypothalamus,
- La formation du cervelet.

Parmi les Reptiles, ce sont les crocodiliens qui possèdent certainement le cerveau le plus évolué.

5. Chez les oiseaux

L'évolution cérébrale des oiseaux est marquée par la poursuite de l'enroulement du télencéphale et le développement du cervelet qui devient proéminent et recouvre le 4e ventricule. Les oiseaux sont microsmatiques*.

6. Chez les mammifères

L'évolution du cerveau des mammifères est marquée par le développement et l'enroulement du télencéphale avec, pour certains, un phénomène de gyration.

On distingue :

- Les mammifères lissencéphaliques, c'est-à-dire ceux qui ont un cerveau dont le cortex ne comporte pas de circonvolutions comme les monotrèmes (animaux qui sont à la fois ovipares et mammifères tel l'ornithorynque), les marsupiaux ou les rongeurs.

- Les mammifères à cerveau gyré (dont l'homme), dont le cortex présente des sillons, comme si la boite crânienne ne pouvait contenir un cerveau de plus en plus volumineux. Entre les sillons, le relief cortical prend le nom de gyrus* (ou circonvolutions). C'est la croissance du cortex cérébral qui induit la formation des sillons.

La poursuite de la gyration fait apparaitre des gyrus secondaires qui augmentent la surface du cortex, donnant au cerveau son aspect caractéristique.

Chez l'homme, la gyration s'achève à 38 SA (8 mois ½ de grossesse), un peu avant la naissance, mais la myélinisation (entourage des fibres nerveuses par une gaine de myéline) qui est terminée chez presque tous les Vertébrés à la naissance, permettant aux nouveau-nés de se mouvoir et marcher rapidement, se prolonge après la naissance chez les mammifères à cerveau gyré. Elle ne sera acquise qu'au-delà de deux ans. Plus une espèce est évoluée, plus la myélinisation est lente.

7. Chez l'embryon humain

Le développement du système nerveux central, qui comporte le cerveau et la moelle épinière, commence par la formation à J18 (stade 8 de Carnegie), d'une plaque neurale qui se forme d'abord à l'extrémité crâniale (antérieure) de l'embryon puis qui se différencie en direction cranio-caudale (antéro-postérieure). La portion caudale de la plaque neurale, qui est plus étroite, sera à l'origine de la moelle épinière.

À J19 (stade 8 de Carnegie), la partie antérieure de la plaque neurale, qui est à l'origine de l'encéphale, est élargie en une vésicule cérébrale primitive.

C'est chez les Céphalocordés (encore appelés crâniates), arthropodes invertébrés du Cambrien inférieur (dont le plus ancien est daté de 540 millions d'années), qu'on trouve la première vésicule frontale (encore appelée vésicule encéphalique ou cérébrale), formée par la dilatation du canal de l'épendyme dans la région antérieure du tube nerveux. Cette vésicule cérébrale ne possède pas de neurones mais quelques formations qui peuvent être considérées comme des récepteurs sensoriels.

Chez l'embryon, à J20 (stade 9 de Carnegie), la vésicule cérébrale donne rapidement naissance aux 3 vésicules primaires de l'encéphale : le prosencéphale, le mésencéphale, et le rhombencéphale.
Cette organisation en trois parties de l'encéphale des Vertébrés est partagée avec les Céphalocordés et les Urocordés, arthropodes invertébrés apparus il y a plus de 500 millions d'années dont fait partie Fuxianhuia protensa, arthropode du Cambrien datant de 520 millions d'années, découvert récemment dans le Yunnan en Chine, possédant le plus vieux cerveau anatomiquement complexe (comportant 3 parties).

Au cours de la 5e semaine (J32 au stade 14 de Carnegie), les 3 vésicules primaires vont se subdiviser en 5 vésicules secondaires : le prosencéphale se subdivise en télencéphale, divisé en deux hémisphères cérébraux autour des ventricules latéraux et diencéphale qui donne naissance, entre autres, au thalamus et à l'hypothalamus.

Le mésencéphale reste unique et le rhombencéphale se subdivise en métencéphale qui donne naissance au cervelet, et en myélencéphale qui donne naissance au bulbe rachidien. Le prolongement du tube neural au-delà du rhombencéphale constitue la moelle épinière.

Le stade de 5 vésicules encéphaliques, présent chez l'embryon à J32 au stade 14 de Carnegie, existait déjà chez les Agnathes apparus il y a 500 millions d'années. Ce stade correspond en temps géologique à la présence des Gnathostomes apparus il y a 450 millions d'années (à J32, le stade 14 de Carnegie correspond à - 424 millions d'années).

Lorsqu'on suit l'évolution du cerveau des poissons, des amphibiens, des Reptiles, des mammifères puis des humains, on voit que les régions qui ont le plus augmenté de taille se situent, dans notre espèce, au niveau du néocortex, et plus particulièrement au niveau du cortex préfrontal.

Au cours de la phylogenèse, le développement du télencéphale est d'autant plus important que l'on s'élève dans l'échelle des Vertébrés.

En résumé :

À J19 (stade 8 de Carnegie), la partie antérieure (crâniale) de la plaque neurale, qui est à l'origine de l'encéphale, se transforme en une vésicule cérébrale primitive.

On retrouve pour la première fois cette vésicule cérébrale primitive chez les Céphalocordés apparus au Cambrien inférieur (- 530 millions d'années).

À J20, (stade 9 de Carnegie) la vésicule cérébrale primitive se transforme et est à l'origine des trois vésicules primaires de l'encéphale qu'on rencontre pour la première fois chez les Arthropodes invertébrés apparus au cours de l'explosion cambrienne* il y a environ 520 millions d'années.

Au cours du stade 14 de Carnegie, les trois vésicules primaires vont se subdiviser en cinq vésicules secondaires.

Le stade de cinq vésicules encéphaliques, présent chez l'embryon à J32 au stade 14 de Carnegie, correspond en temps géologique à la présence des Gnathostomes il y a 424 millions d'années, mais existait déjà chez les Agnathes apparus il y a 500 millions d'années.

- En ce qui concerne la formation des yeux :

L'œil des Vertébrés est une partie du cerveau dont il s'extériorise sous la forme d'une vésicule optique.

L'évolution de l'œil des Vertébrés s'est déroulée en plusieurs phases : les premières traces de ce qui deviendra réellement un œil remontent à plus de 700 millions d'années, au Précambrien, à environ 200 millions d'années avant ce qu'on a appelé « *l'explosion cambrienne* ».

À cette époque, qui a précédé l'apparition des métazoaires, on ne trouve dans les océans que des organismes unicellulaires (amibes, bactéries, entre autres). C'est là qu'apparaissent les premières molécules photosensibles, les opsines.

C'est au cours du Cambrien (de - 542 à - 488 millions d'années) qu'on trouve déjà un œil primitif composé d'un photorécepteur qui permet uniquement de percevoir la lumière.

De - 530 à - 500 millions d'années, les photorécepteurs ont évolué, permettant une meilleure transmission du signal au nerf optique. Arriveront ensuite l'accommodation et l'iris, permettant de modifier l'ouverture de la pupille, ainsi que les muscles permettant la mobilité oculaire.

Ainsi, il y a 500 millions d'années, les Agnathes possédaient déjà un œil qui leur permettait de voir des images.

De - 500 à - 430 millions d'années, apparaissent au niveau de l'œil de nouveaux photorécepteurs, les bâtonnets, qui transforment l'information lumineuse en information nerveuse pour la diriger jusqu'au cerveau.

C'est également à cette époque qu'apparait la myéline, gaine qui recouvre l'axone des nerfs et qui facilite la transmission des signaux dans l'ensemble du système nerveux donc également au niveau de l'œil. D'autres perfectionnements sont apparus : la contractilité de l'iris a permis au diamètre de la pupille de s'adapter en fonction de la clarté ambiante et une meilleure accommodation grâce à la formation de muscles pour le cristallin (muscles ciliaires).

Il y a 375 millions d'années, période à laquelle a débuté la vie hors de l'eau, la forme de la cornée a changé en raison d'une modification de la réfraction de la lumière hors de l'eau. Enfin, les paupières se sont formées, protégeant l'œil du dessèchement.

Chez l'embryon humain, à J24, au stade 11 de Carnegie, le pédicule optique est présent et les ébauches oculaires apparaissent sous forme de deux évaginations du tube neural appelées vésicules optiques. Ce stade correspond, comme nous l'avons vu, à l'apparition au cours du Cambrien, des Agnathes il y a 500 millions d'années, qui possédaient un œil capable de voir les images.

Les vésicules optiques se transforment à J32 en cupules optiques.

La couche interne de la cupule optique devient la rétine neurale qui se différencie à partir de la 6e semaine. La couche externe devient la rétine pigmentaire. Les axones issus de la rétine neurale rejoignent l'encéphale par le pédicule optique qui devient dès lors le nerf optique. Le cristallin se développe de la 5e à la 7e semaine.

IV. Synthèse

1) Correspondance entre le développement de l'embryon humain, l'anatomie d'animaux adultes issus de nouvelles espèces et les périodes de bouleversements géologiques.

À travers la formation de ses organes, l'embryon humain résume en 60 jours d'évolution, la succession d'espèces animales apparues depuis plus de 600 millions d'années, chez qui ces mêmes organes, présents pour la première fois, se sont progressivement transformés d'une espèce à l'autre, en devenant toujours plus complexes.

Leur anatomie définitive chez l'animal adulte ne correspond qu'à un stade intermédiaire de leur développement chez l'embryon humain.

Comme nous le verrons, l'apparition de ces nouvelles espèces correspond le plus souvent à une période importante de l'histoire de la terre.

Nous avons étudié la correspondance entre l'évolution embryonnaire et l'évolution animale en prenant pour repère les stades de Carnegie à partir du stade 8 car c'est, à notre avis, le premier point de repère le plus fiable.

Néanmoins, comme nous le verrons, le début de la courbe situé à J7, correspondant au stade 5 de Carnegie au cours duquel l'embryon est didermique, correspond sur l'échelle du temps géologique à - 660 millions d'années, période au cours de laquelle sont apparus les premiers métazoaires didermiques.

Nous verrons que cette correspondance, qui semble être la plus précoce qu'on puisse mettre en évidence, ne peut être fortuite.

- Le stade 8 de Carnegie

Ce stade concerne le développement embryonnaire du 17e au 20e jour et fait référence à la période géologique qui s'étend de - 555 à - 522 millions d'années.

C'est au cours de ce stade que l'embryon devient tridermique et que se forme le tube cardiaque embryonnaire primitif à cavité unique, disposition anatomique qui correspond à celle du cœur des triploblastiques, premiers animaux à 3 feuillets dont l'apparition se situe à la fin du précambrien il y a 555 millions d'années.

Ce stade de développement correspond également chez l'embryon à la formation d'une vésicule cérébrale primitive qui correspond à celle qu'on rencontre chez les Céphalocordés, arthropodes invertébrés apparus durant la période de l'explosion cambrienne (de - 540 à - 520 millions d'années).

En résumé :

L'anatomie du cœur et du cerveau de l'embryon humain constatée au stade 8 de Carnegie fait référence à la période géologique qui s'étend de - 555 à - 522 millions d'années et qui correspond à l'apparition des triploblastiques et des premiers arthropodes au cours de l'explosion cambrienne (de - 540 à - 520 millions d'années).

- Le stade 9 de Carnegie

Ce stade concerne le développement embryonnaire du 20e au 22e jour et fait référence à la période géologique qui s'étend de - 522 à - 500 millions d'années.

C'est au cours de ce stade que se forment à partir de la vésicule cérébrale primitive les trois vésicules primaires de l'encéphale embryonnaire : le prosencéphale, le mésencéphale et le rhombencéphale, qu'on retrouve dans l'anatomie du cerveau des Céphalocordés et des Urocordés, arthropodes invertébrés apparus il y a plus de 500 millions d'années (Fuxianhuia protensa, arthropode du Cambrien, a vécu il y a 520 millions d'années).

En résumé :

L'anatomie du cerveau de l'embryon humain au stade 9 de Carnegie fait référence à la période géologique qui s'étend de - 522 à - 500 millions d'années, marquée par l'explosion cambrienne au cours de laquelle sont apparus les Céphalocordés et les premiers arthropodes.

- Le stade 10 de Carnegie

Ce stade concerne le développement embryonnaire du 22e au 24e jour et fait référence à la période géologique qui s'étend de - 500 à - 475 millions d'années. C'est au cours de ce stade qu'apparait le pronéphros, premier rein transitoire chez l'embryon humain, mais rein définitif des Agnathes apparus il y a 500 millions d'années.

En résumé :

La formation des reins de l'embryon humain passe par un premier stade de pronéphros qui apparait au stade 10 de Carnegie. Cette étape fait référence à la période géologique qui s'étend de - 500 à - 475 millions d'années, à la fin de l'explosion cambrienne et au début de l'Ordovicien, au cours de laquelle sont apparus les Agnathes, chez qui le pronéphros est le rein définitif. La radiation ordovicienne (de - 485 à - 460 Ma) débute au cours de cette période

- Le stade 11 de Carnegie

Ce stade concerne le développement embryonnaire du 24e au 26e jour et fait référence à la période géologique qui s'étend de - 475 à - 450 millions d'années.

C'est au cours de ce stade qu'apparaissent les ébauches des membres supérieurs correspondant à la présence chez les Agnathes de nageoires paires thoraciques dont on admet actuellement qu'elles sont à l'origine des membres antérieurs des tétrapodes (et des membres supérieurs chez l'embryon humain).

L'ensemble de la formation des membres de l'embryon va se dérouler de la 4e à la 8e semaine (du stade 11 au stade 22 de Carnegie).

Au cours du stade 11, le cœur embryonnaire poursuit son développement et présente dès lors 2 cavités : une oreillette et un ventricule. Cette disposition correspond à l'anatomie définitive du cœur de la majorité des poissons, et en premier lieu des Agnathes.

Le stade 11 de Carnegie est également celui de la formation de l'œil de l'embryon avec le développement d'une vésicule optique. C'est au cours de la même période géologique qui s'étend de - 475 à - 450 millions d'années qu'on voit apparaitre chez les Agnathes un œil à peu près comparable à ceux de presque tous les Vertébrés, leur permettant de distinguer des images.

En résumé :

La formation des membres supérieurs de l'embryon humain et le cloisonnement de son cœur débutent au stade 11 de Carnegie. Cette étape correspond à la présence des Agnathes, premiers poissons primitifs qui possèdent un cœur dont la disposition anatomique définitive est à deux cavités, des nageoires paires thoraciques à l'origine des membres supérieurs des tétrapodes et, en conséquence, de ceux de l'embryon humain et chez qui se développe une formation oculaire.

- Le stade 12 de Carnegie

Ce stade concerne le développement embryonnaire du 26e au 29e jour et fait référence à la période géologique qui s'étend de - 450 à - 437 millions d'années, marquée par une première extinction massive il y a 445 millions d'années (extinction de l'Ordovicien, responsable de la disparition de 85% des espèces marines.

C'est au cours de ce stade qu'apparaissent chez l'embryon les bourgeons bronchiques qui seront à l'origine des bronches primaires et des deux poumons.

Cette évolution anatomique correspond à la survenue il y a 450 millions d'années, des Gnathostomes, premiers poissons Vertébrés possédant un « appareil respiratoire aérien », considéré comme le premier poumon des Vertébrés et utilisé en complément d'une respiration branchiale.

C'est également à ce stade que se forment chez l'embryon les bourgeons maxillaire et mandibulaire qui correspondent également à la survenue des Gnathostomes, premiers Vertébrés à posséder une mâchoire par transformation des premiers arcs branchiaux.

C'est aussi au cours de ce stade qu'apparait pour la première fois le mésonéphros, 2e rein transitoire chez l'embryon humain, mais rein définitif des Gnathostomes (et de tous les poissons), apparus il y a 450 millions d'années.

En résumé :

Après la disparition du pronéphros, premier rein transitoire chez l'embryon mais définitif chez les Agnathes, succède au stade 12, la formation du mésonéphros, second rein transitoire chez l'embryon mais définitif chez les Gnathostomes.

Par ailleurs, la formation des poumons et de la mâchoire de l'embryon humain débute également au stade 12 de Carnegie qui correspond à l'apparition des poissons Gnathostomes, premiers Vertébrés à posséder une mâchoire et une respiration pulmonaire.

- Le stade 13 de Carnegie

Ce stade concerne le développement embryonnaire du 29e au 32e jour.

C'est au cours de ce stade, qui fait référence à la période géologique qui s'étend de - 437 à - 424 millions d'années, qu'apparaissent les ébauches des membres inférieurs de l'embryon correspondant à la présence des Gnathostomes, apparus il y a 450 millions d'années et premiers poissons à posséder des nageoires paires pelviennes dont on sait qu'elles sont à l'origine des membres postérieurs des tétrapodes (et des membres inférieurs chez l'embryon humain).

En résumé :

L'ébauche des membres supérieurs est apparue au stade 11 de Carnegie (de - 475 à - 450 millions d'années). Les deux à trois jours de décalage avec l'apparition de l'ébauche des membres inférieurs correspondent, comme nous le verrons, aux 25 à 30 millions d'années d'évolution géologique, durée probable de la période de transition des Agnathes aux Gnathostomes.

- Le stade 14 de Carnegie

Ce stade, qui fait référence à la période géologique qui s'étend de - 424 à - 401 millions d'années, concerne le développement embryonnaire du 32e au 35e jour, au cours duquel se produit la subdivision des 3 vésicules primaires de l'encéphale en 5 vésicules secondaires, anatomie de l'encéphale des poissons.

C'est également au cours de ce stade qu'on observe, chez l'embryon humain, la formation de la palette des mains, de l'avant-bras, du bras et de l'épaule, qui correspondent à l'anatomie des nageoires rayonnées possédant une attache charnue articulée des poissons Sarcoptérygiens apparus il y a 415 millions d'années vers la fin du Silurien.

En résumé :

Le stade 14 de Carnegie voit la formation chez l'embryon humain de cinq vésicules encéphaliques et le début de la formation de ses membres supérieurs. Ces évolutions morpho-anatomiques coïncident avec celles des Gnathostomes, déjà présents et des Sarcoptérygiens apparus au cours de la période géologique correspondante.

- Le stade 15 de Carnegie

Ce stade concerne le développement embryonnaire du 35e au 38e jour, au cours duquel les membres s'horizontalisent, les rayons digitaux deviennent visibles et la palette des membres inférieurs se développe avec ébauche de la formation du pied.

Ce stade fait référence à la période géologique qui s'étend de – 401 à - 360 millions d'années au cours de laquelle est survenue la 2e extinction massive (extinction du Dévonien) qui a vu la disparition de 75% des espèces animales.

Cette période a été marquée par l'important développement des poissons au Dévonien inférieur, puis par l'apparition au Dévonien supérieur des premiers tétrapodes semi-terrestres possédant des membres transversaux et dont descendent les amphibiens.

Les premières sorties de l'eau se seraient produites il y a 365 millions d'années, avec Acanthostega et Ichtyostega, tétrapodes semi-terrestres avec des caractères de poisson. En effet, Ichtyostega, comme Acanthostega, possédaient de vrais membres de tétrapodes avec 3 articulations : hanche, genou, cheville, mais ils possédaient également une nageoire caudale et leur respiration était à la fois branchiale et pulmonaire.

Le Tiktaalik, apparu il y a 375 millions d'années, est considéré du point de vue anatomique comme la transition entre les poissons et les Vertébrés terrestres. Il possédait des nageoires qui contenaient un squelette interne préfigurant des doigts et qui commençaient à ressembler à des membres capables de se fléchir et qui se sont étendus par la suite pour devenir des pattes.

En résumé :

Le stade 15 de Carnegie, marqué chez l'embryon humain par l'horizontalisation des membres, fait référence à la période du Dévonien, qui s'étend de - 416 à - 359 millions d'années, qui correspond à l'apparition des tétrapodes semi-terrestres, transition entre les poissons et les Vertébrés terrestres, qui possédaient des membres transversaux.

- Le stade 16 de Carnegie

Ce stade concerne le développement embryonnaire du 38e au 41e jour et fait référence à la période géologique qui s'étend de - 360 à - 340 millions d'années.

Au cours de ce stade, le cœur embryonnaire évolue et présente dès lors trois cavités : deux oreillettes et un seul ventricule. Cette disposition anatomique correspond à celle du cœur des amphibiens, apparus il y a 360 millions d'années. D'autre part, les membres de l'embryon présentent trois segments ainsi qu'un aspect palmé de la main, correspondant également à la morpho-anatomie des membres des amphibiens.

En résumé :

Les modifications de l'anatomie cardiaque ainsi que l'aspect palmé des mains de l'embryon apparus au stade 16 de Carnegie correspondent à la période géologique qui a vu apparaître les amphibiens il y a 360 millions d'années.

- Le stade 17 de Carnegie

Ce stade concerne le développement embryonnaire du 41e au 44e jour et fait référence à la période géologique qui s'étend de - 340 à - 302 millions d'années.

Au cours de cette période, le cœur embryonnaire comporte toujours 2 oreillettes et un ventricule mais celui-ci est partiellement cloisonné. Cette disposition anatomique correspond à celle du cœur des Reptiles, apparus il y a 340 millions d'années.

C'est également au cours de ce stade qu'apparait le métanéphros, rein définitif chez l'embryon humain. Le métanéphros est le rein définitif des amniotes*en premier lieu des Reptiles, puis des Mammifères et enfin des oiseaux.

En résumé :

Le stade 17 de Carnegie, qui fait référence à la période géologique qui s'étend de - 340 à - 302 millions d'années, montre, en ce qui concerne la formation du cœur et du rein embryonnaires, une correspondance avec l'anatomie des reptiles apparus il y a 340 millions d'années.

- Le stade 18 de Carnegie

Ce stade concerne le développement embryonnaire du 44ᵉ au 48ᵉ jour, et fait référence à la période géologique qui s'étend de - 302 à - 250 millions d'années. Au cours de cette période débute chez l'embryon humain une flexion ventrale des membres supérieurs. C'est à la fin de cette période que débute la 3ᵉ extinction massive (extinction du Permien-Trias entre - 252 et - 245 millions d'années).

- Le stade 19 de Carnegie

Ce stade concerne le développement embryonnaire du 44ᵉ au 48ᵉ jour, et fait référence à la période géologique qui s'étend de - 250 à - 225 millions d'années.

- Le stade 20 de Carnegie

Ce stade, fait référence à la période géologique qui s'étend de - 225 à - 181 millions d'années et concerne le développement embryonnaire du 50ᵉ au 52ᵉ jour. Le cœur de l'embryon est totalement cloisonné et comporte 4 cavités : 2 oreillettes et 2 ventricules.

Cette disposition anatomique correspond à celle des mammifères, apparus il y a 225 millions d'années. C'est au cours de cette période que s'est produite la 4ᵉ extinction massive (Trias-Jurassique).

- Le stade 21 de Carnegie

Ce stade fait référence à la période géologique qui s'étend de -181 à -137 millions d'années et concerne le développement embryonnaire du 52ᵉ au 54ᵉ jour. Les membres de l'embryon prennent une position parasagittale qui correspond à celle des mammifères.

- Le stade 22 de Carnegie

Ce stade concerne le développement embryonnaire du 54e au 56e jour et fait référence à la période géologique de - 137 à - 93 millions d'années au cours de laquelle sont apparus les Euthériens et que s'est produite la scission de la Pangée en deux continents : Gondwana et Laurasie.

- Le stade 23 de Carnegie

Ce stade concerne la fin du développement embryonnaire du 56e au 60e de Carnegie et fait référence à la période de - 93 à - 2,8 millions d'années au cours de laquelle s'est produite la 5e extinction massive (extinction du Crétacé), suivie d'une radiation générale des mammifères qui s'est déroulée à partir du Paléogène il y a 65 millions d'années.

Les stades 22 et 23 voient s'achever la formation de l'embryon.

À partir de ce moment débute la période fœtale, d'une durée de 7 mois, au cours de laquelle se produiront un développement et une maturation des organes formés au cours de la période embryonnaire.

Ainsi, au cours des deux mois du développement de l'embryon humain, il existe une correspondance entre la morphologie d'un organe à un stade donné de son évolution et la période géologique à laquelle est apparue pour la première fois, l'espèce animale possédant ce même organe arrivé à son développement définitif.

Cette concordance se retrouve de manière explicite sur la courbe de concordance entre ontogenèse et phylogenèse.

2) Conséquences des évènements terrestres majeurs sur la disparition et l'apparition d'espèces : les extinctions et les radiations.

L'évolution du vivant est incontestablement indissociable de l'évolution de la terre dont l'histoire a été marquée par la survenue de cataclysmes qui ont eu pour conséquence l'extinction de nombreuses espèces animales et végétales.

On distingue les extinctions majeures, dites massives, les extinctions secondaires, de moindre importance, et les extinctions mineures.

Les périodes qui ont connu une extinction massive ont été le plus souvent suivies par des périodes d'explosion radiative*, c'est à dire marquées par une multiplication et une grande diversification des espèces. L'extinction se présente ainsi comme l'élément essentiel de l'évolution des espèces.

1. Les extinctions massives

Elles ont été jusqu'à présent au nombre de cinq : celles de l'Ordovicien, du Dévonien, du Permien, du Trias et du Crétacé, appelées extinctions de masse. Par ailleurs, une vingtaine d'extinctions secondaires ont été recensées.

C'est au cours du paléozoïque, ère géologique qui s'étend de – 542 à - 251 millions d'années que se sont produits des mouvements tectoniques à l'origine de la formation de grandes chaînes montagneuses mais aussi le développement de la vie.

A. 1re extinction massive

Appelée extinction de l'Ordovicien, elle s'est produite il y a 445 millions d'années.

L'Ordovicien est la seconde période du Paléozoïque et s'étend de - 488 à - 443 millions d'années.

La fin de l'Ordovicien et le début du Silurien (troisième période du Paléozoïque qui s'étend de - 443 à - 416 millions d'années), sont marqués par la survenue de la première extinction massive d'espèces animales qui voit disparaitre près de la moitié des genres d'animaux marins et près de 85 % des espèces marines.

Cette extinction s'est probablement produite à la suite d'une grande glaciation qui aurait entrainé des désordres climatiques et écologiques ainsi que le recul de la mer sur des centaines de kilomètres avec baisse de son niveau, puis son retour en fin de phase glaciaire. Il n'est pas exclu également que cette extinction soit d'origine cosmique avec la chute d'une météorite.

Cette période correspond également à la poursuite de la migration du Gondwana vers le nord.

B. 2e extinction massive

Elle s'est produite il y a 370 millions d'années (extinction du dévonien).

Quatrième période du paléozoïque qui s'étend de - 416 à - 359 millions d'années et qui fait suite au Silurien (de - 443 à - 416 millions d'années), le Dévonien voit apparaitre un développement important des poissons.

Parmi les nombreux poissons apparaissent les sarcoptérygiens, dont les dipneustes, poissons d'eau douce qui possédaient en plus des branchies un poumon rudimentaire mais fonctionnel qui leur permettait de respirer hors de l'eau si celle-ci manquait d'oxygène.

Les Sarcoptérygiens, ancêtres directs des premiers Vertébrés terrestres, représentent une forme de transition entre les poissons et les amphibiens.

En effet, c'est au cours du Dévonien qu'apparaissent les arthropodes terrestres ainsi que les Amphibiens qui ont été les premiers Vertébrés terrestres. Il y a 370 millions d'années, cette période du Dévonien a vu une série d'extinctions qui ont entrainé la disparition de près de 50 % des genres d'animaux marins dont la disparition des Ostracodermes, Agnathes apparus au Cambrien et d'environ 75% des espèces animales.

Des grandes variations du niveau de la mer et du climat, ainsi qu'un manque d'oxygène dans les océans auraient pu jouer un rôle important dans la survenue de cette extinction, mais cela ne peut être affirmé.

Le Carbonifère, cinquième période du paléozoïque qui s'étend de - 359 à - 299 millions d'années, voit le développement des batraciens et l'apparition des Reptiles.

C'est à la fin du Carbonifère, il y a 290 millions d'années que s'est formée la Pangée, masse unique formant un seul continent. Cette rencontre a entrainé l'agglomération de l'ensemble des terres émergées. Cette période a coïncidé avec la survenue d'une extinction secondaire.

C. 3e extinction massive

Elle est survenue il y a 252 millions d'années (extinction du Permien-Trias).

Sixième et dernière période du paléozoïque qui s'étend de - 299 à - 251 millions d'années, le Permien est dominé par la présence des grands Reptiles (dont les ancêtres des dinosaures), et des grands amphibiens.

L'extinction du Permien-Trias, survenue entre - 252 et - 245 millions d'années, est sans doute la plus grave extinction massive que la Terre ait connue : le Permien se termine par la disparition de la majeure partie des espèces sur la terre comme dans les océans : près de 95 % de la vie marine disparait ainsi que 70 % des espèces terrestres (plantes et animaux).

L'hypothèse la plus probable pour expliquer cette troisième extinction massive est la chute d'une météorite dont le choc, situé dans l'Antarctique ou dans l'océan pacifique, aurait été à l'origine d'un volcanisme majeur qui aurait provoqué des températures élevées, des dégagements de gaz et de substances chimiques ainsi qu'un manque d'oxygène.

Cette extinction massive s'est déroulée sur une période de 200 000 ans et les perturbations environnementales qu'elle a entrainées comme le déficit en oxygène de l'atmosphère et des océans ont duré plusieurs millions d'années après l'extinction de masse.

Cette crise marque la fin de l'ère primaire, ou Paléozoïque, et le début de l'ère secondaire, ou Mésozoïque.

C'est au cours du Mésozoïque, ère qui s'étend de - 251 à - 65 millions d'années que se sont produites les deux extinctions massives suivantes. Cette ère a vu également l'apparition des Dinosaures il y a 230 millions d'années, des mammifères il y a 225 millions d'années, des oiseaux il y a 160 millions d'années et des euthériens il y a 125 millions d'années.

Le Mésozoïque se subdivise en trois périodes : Le Trias, le Jurassique et le Crétacé.

D. 4e extinction massive

Elle est survenue il y a 206 millions d'années (Trias-Jurassique).

Le Trias, qui s'étend de - 251 à - 199 millions d'années, est la première période du Mésozoïque. Encore appelée ère secondaire, elle a été marquée par la fragmentation de la Pangée.

L'extinction du Trias-Jurassique marque la disparition de 20 % des espèces marines, 35 % des familles d'animaux, dont la plupart des Reptiles et les derniers des grands amphibiens. Les dinosaures ont survécu.

Les causes de cette 4e extinction massive ne sont pas encore clairement identifiées ; parmi celles envisagées : la survenue d'importantes éruptions volcaniques provoquées par la fragmentation de la Pangée. Ces éruptions auraient permis la libération massive de gaz et de substances chimiques. Enfin, il a pu s'agir également du choc d'une météorite.

Cette 4e extinction massive a été suivie, au cours du Jurassique, seconde période, qui s'étend de - 199 à - 145 millions d'années de l'apparition de nouvelles espèces vivantes :

- Dans le milieu marin : les ichtyosaures, Reptiles aquatiques.

- Dans le milieu aérien : les Ptérosaures, Reptiles volants apparus il y a 180 millions d'années et premier groupe de Vertébrés à évoluer dans le milieu aérien.

Il y a approximativement 160 millions d'années, au cours du Jurassique, le Gondwana, qui s'était formé il y a 600 millions d'années, commence à se fracturer.

La dislocation du Gondwana a abouti à la formation de blocs continentaux qui ont formé l'Afrique, l'Arabie, l'Inde, l'Amérique du Sud, l'Australie et l'Antarctique.

C'est au cours de cette période que sont apparus les oiseaux.

E. 5e extinction massive

Elle est survenue il y a 65 millions d'années (Crétacé-Tertiaire), c'est la troisième période du Mésozoïque qui s'étend de - 145 à - 65 millions d'années.

Il y a 135 millions d'années, la Pangée s'est scindée en deux continents : le Gondwana au sud et la Laurasie au nord puis l'ouverture de nouveaux océans a séparé les masses continentales.

70 millions d'années plus tard, il y a 65 millions d'années, époque au cours de laquelle la Laurasie s'est divisée à son tour en Eurasie et Amérique du Nord, l'extinction du Crétacé-Tertiaire a entrainé la disparition de près de 70% des espèces dont les dinosaures, de nombreux animaux marins et la plupart des oiseaux. Les insectes et les petits mammifères ont survécu. Parmi les grands animaux, les crocodiliens sont probablement les seuls à avoir survécu.

Plusieurs causes ont été envisagées à l'origine de cette extinction massive des espèces :

- La chute d'une météorite, il y a environ 66 millions d'années, sur la péninsule du Yucatan au Mexique.

- Une éruption volcanique massive survenue à la même période, il y a 65 à 67 millions d'années, responsable du rejet dans l'atmosphère durant des milliers d'années de particules et de gaz qui ont modifié rapidement le climat, entrainant la disparition des espèces qui n'ont pu s'adapter.

Il a été observé qu'une extinction majeure se produit en moyenne tous les 100 millions d'années et fait disparaitre environ 65% des espèces, alors qu'une extinction secondaire se produit en moyenne tous les 10 millions d'années et fait disparaitre 30% des espèces. Enfin, une extinction mineure se produit en moyenne tous les millions d'années et est responsable de la disparition de 5% des espèces.

2. Les grandes périodes de radiation.

C'est après un épisode glaciaire survenu il y a 700 millions d'années, et particulièrement durant l'Ediacarien, dernière période du Précambrien qui s'étend de - 635 à - 542 millions d'années que se sont développés les Métazoaires, animaux pluricellulaires eucaryotes définissant ce qu'il a été convenu d'appeler la « Faune de l'Ediacarien ».

Cette période correspond au début de la formation, il y a 600 millions d'années, du Gondwana.

Les premiers à apparaitre ont été les Métazoaires diploblastiques puis, il y a 555 millions d'années, les triploblastiques, Métazoaires chez qui apparaît pour la première fois le mésoderme, troisième feuillet embryonnaire qui permet la différenciation d'organes internes et de la musculature et qui permettra des mouvements orientés, dont le déplacement dans une direction donnée.

L'apparition de cette symétrie bilatérale est une des étapes les plus importantes de l'évolution des animaux.

Citons parmi les explosions radiatives les plus importantes :

A. L'explosion cambrienne (de - 540 à - 520 millions d'années) :

C'est au début du Cambrien (période première période de l'ère du Paléozoïque) qui s'étend de - 542 à - 488 millions d'années qu'est apparue une grande biodiversité. Cet événement est connu sous le nom d'explosion cambrienne (dont l'apogée se situe probablement entre - 540 et - 520 millions d'années), période au cours de laquelle sont apparus des groupes d'animaux totalement nouveaux tels les Arthropodes, invertébrés d'abord marins aux pattes articulées, ancêtres d'animaux encore présents aujourd'hui et dont l'embranchement possède plus de 80% des espèces connues, ainsi que les Agnathes, premiers Vertébrés marins, sans mâchoire.

L'explosion cambrienne, encore appelée explosion « radiative », s'est accompagnée d'une forte augmentation du nombre des espèces peu de temps après la disparition des premiers grands organismes pluricellulaires apparus au cours de ce qui a été appelé « l'explosion » de l'Ediacarien, à l'origine de l'apparition de la « Faune de l'Ediacarien ».

Les grands mouvements tectoniques qui ont marqué le début de la migration du Gondwana vers le nord pourraient expliquer cette première extinction massive de la fin de l'Ediacarien ainsi que l'explosion cambrienne qui l'a suivie, favorisée par la libération de niches écologiques laissées vacantes. À l'origine de cette extinction, on a aussi évoqué la chute d'un astéroïde qui a creusé l'astroblème* d'Acraman, en Australie, il y a environ 580 millions d'années.

B. La radiation ordovicienne (de - 485 à - 460 millions d'années).

Outre l'apparition des Gnathostomes, premiers poissons Vertébrés avec mâchoire, le nombre de familles d'animaux marins va beaucoup augmenter, passant d'une centaine à plus de 400 durant la radiation ordovicienne. Cet événement concerne la plupart des groupes d'animaux marins. La durée de cette phase de diversification biologique est de l'ordre de 25 millions d'années.

C. L'explosion du Paléogène qui suit l'extinction du Crétacé.

À la fin du Crétacé (il y a 65 millions d'années), on n'a recensé que 150 à 300 espèces et 27 familles de mammifères, alors que la faune actuelle de mammifères est dominée par les placentaires qui comptent environ 4000 espèces et 114 familles.

L'extinction du Crétacé a été suivie d'une radiation générale des mammifères qui s'est déroulée à partir du Paléogène il y a 65 millions d'années et ce, durant 20 millions d'années.

On constate ainsi que les morphologies des organismes pluricellulaires peuvent évoluer rapidement à la suite de phénomènes de radiation évolutive et de spéciation*.

3) Tableau de correspondance entre ontogenèse et phylogenèse

Nous avons établi un tableau récapitulatif (cf. p. 101) qui renseigne, pour un stade de Carnegie donné, sur le degré d'évolution embryonnaire à ce stade, qui indique la durée en temps géologique correspondant à la durée de ce stade, et qui précise le nom et la période d'apparition de l'espèce animale prise pour référence qui présente une ou plusieurs caractéristiques morpho-anatomiques qu'on retrouve chez l'embryon au stade considéré.

Ce tableau permet également :

- de comparer le temps écoulé (en millions d'années) entre l'apparition de deux nouvelles espèces animales avec la durée relative de l'évolution embryonnaire (en jours) correspondant à cette période.

- d'apprécier les variations du rythme des transformations animales prises en référence selon l'organe considéré et l'environnement dans lequel ont eu lieu ces transformations.

Ainsi, si nous prenons pour exemple le stade 8 de Carnegie :

⇒ Colonne « stade de Carnegie et période géologique »

Durée : 3 jours, de J17 à J20,

J17 : période géologique correspondante : - 555 Ma

J20 : période géologique correspondante : - 522 Ma

Durée du stade 8 (de J17 à J20) : 33 millions d'années, correspondant à 3 jours d'évolution embryonnaire.

Au stade 8, un jour d'évolution de l'embryon correspond à 33 : 3 = 11 millions d'années en temps géologique.

⇒ Colonne « évolution embryonnaire »

Elle comporte la description de l'état du développement embryonnaire au moment de ce stade. Au stade 8 :

- L'embryon devient tridermique,
- Formation du tube cardiaque primitif,
- Formation de la vésicule cérébrale primitive.

⇒ Colonne « âge de l'embryon »

Elle comporte l'âge, en jours (depuis la fécondation) de l'embryon au moment de ce stade.

Dans l'exemple, le stade 8 dure 3 jours, de J17 à J19 (du 17e au 19e jour du développement embryonnaire).

⇒ Colonne « référence animale »

Elle comporte le nom de l'espèce animale de référence nouvellement apparue au cours ou peu avant la période géologique correspondant au stade de Carnegie étudié et qui présente, chez l'animal adulte, une caractéristique morpho-anatomique nouvelle qui apparait chez l'embryon durant ce stade.

Ainsi, au stade 8 :

À J17, moment de l'évolution où l'embryon devient tridermique (formation d'un 3e feuillet), il est noté l'apparition correspondante des triploblastiques, il y a 555 millions d'années, premiers animaux à 3 feuillets.

À J18, moment où se forme le tube cardiaque primitif, il est noté l'apparition correspondante des premiers arthropodes, il y a 540 millions d'années, premiers animaux à posséder un tube cardiaque primitif, cœur à une cavité.

À J19, quand apparaît chez l'embryon la vésicule cérébrale primitive, il est noté l'apparition correspondante des céphalocordés, il y a 533 millions d'années, premiers animaux chez qui apparaît pour la première fois une vésicule cérébrale primitive.

⇒ Colonne « période en Ma » (millions d'années)

Cette colonne précise la période d'apparition de cette nouvelle espèce (datée en millions d'années). Ainsi :

- 555 Ma correspond à la période d'apparition des triploblastiques,
- 540 Ma correspond à la période d'apparition des premiers arthropodes,
- 533 Ma correspond à la période d'apparition des Céphalocordés.

⇒ Colonne « rapport entre développement embryonnaire et période géologique »

Cette colonne établit :

Une correspondance entre le temps géologique séparant l'apparition de deux nouvelles espèces (en millions d'années) et la durée (en jours) de l'évolution embryonnaire correspondant au temps géologique écoulé pendant cette période,

Elle précise également la durée, en millions d'années de temps géologique, correspondant à un jour d'évolution embryonnaire pour la période considérée.

Ainsi, dans l'exemple du stade 8, si nous comparons le temps écoulé entre l'apparition des triploblastiques et celle des Agnathes, soit 55 millions d'années (de - 555 Ma à - 500 Ma) avec la période d'évolution embryonnaire correspondante, soit 5 jours (de J17 à J22), nous constatons qu'un jour d'évolution embryonnaire correspond en moyenne à 11 millions d'années d'évolution animale en temps géologique (55 : 5).

Connaissant la période géologique correspondant au premier et au dernier jour de chaque stade de Carnegie ainsi que la correspondance d'un jour d'évolution embryonnaire avec la période correspondante en temps géologique, nous avons fait correspondre à chaque jour du développement embryonnaire un âge géologique permettant ainsi d'avoir un suivi chronologique cohérent.

Ainsi, si nous reprenons l'exemple du stade 8 :

Le premier jour de ce stade est J17, qui correspond à - 555 Ma et le 3e et dernier jour est J20 qui correspond à - 522 Ma. Nous avons vu que pour ce stade, un jour d'évolution embryonnaire correspondait à 11 millions d'années en temps géologique. Cela permet d'extrapoler et considérer que le 2e jour de ce stade, c'est à dire J18 correspond à - 544 Ma (555-11), que le 3e jour c'est à dire J19 correspond à -533 Ma (544 – 11) et que J20 correspond à -522 Ma (533 – 11).

⇒ Colonne « évènement »

Cette colonne indique les différentes périodes géologiques au cours desquelles sont apparues les nouvelles espèces animales auxquelles font référence les différents stades de l'évolution embryonnaire, ainsi que les évènements majeurs, extinctions massives et périodes de radiation survenus durant la période géologique correspondant au développement de l'embryon.

L'ensemble des données qui nous permettent de considérer que la période géologique qui a duré 660 millions d'années est résumée par les 60 jours du développement embryonnaire, se retrouve dans le tableau de correspondance entre ontogenèse et phylogenèse.

3) TABLEAU DE CORRESPONDANCE ENTRE ONTOGENÈSE ET PHYLOGENÈSE

Stade Carnegie et période géologique	Évolution embryonnaire	Age de l'embryon	Référence Animale	Période en Ma	Rapport entre développement embryonnaire et période géologique (en Ma)	Évènement
1ère semaine Stade 1 J1 Durée : 1 jour	Ovocyte dans la trompe	J 1		-700	-----------------	Fin d'épisode glaciaire
Stade 2 De J1 à J3 Durée : 2 jours	Fécondation de l'ovocyte dans la trompe par un spermatozoïde.	J 1-J 2				
Stade 3 De J3 à J5 Durée : 2 jours	Œuf (Blastocyste libre dans l'utérus. Bouton embryonnaire	J 3-J 4				
Stade 4 De J5 à J7 Durée : 2 jours	Fixation à la paroi utérine	J 5-J 6				

Stade Carnegie et période géologique	Évolution embryonnaire	Age de l'embryon	Référence Animale	Période en Ma	Rapport entre développement embryonnaire et période géologique (en Ma)	Évènement
2ème semaine Stade 5 De J7 à J12 Durée : 5 jours Début : J7 à - 660 Ma Fin : J12 à - 607,5 Ma Durée stade 5 = 52,5 Ma 1 jour = 10,5 Ma	Disque embryonnaire didermique----(Implantation de l'œuf).	J 7	Métazoaires diploblastiques	- 660	Des métazoaires diploblastiques aux triploblastiques : - 660 à - 555 Ma = 105 Ma/ 10 j (de J7 à J17) 1 jour = 10,5 Ma	Ediacarien : De - 635 Ma à - 542 Ma
	Embryon : 0,1 - 0,2 mm	J 8	-----------------	- 649,5		- 635 Ma : Explosion de l'Ediacarien Faune d'Ediacara
		J9	-----------------	- 639		
		J 10	-----------------	- 628,5		
		J 11	-----------------	- 618		
2ème semaine Stade 6 De J12 à J15 Durée : 3 jours Début : J12 à -6 07,5 Ma Fin : J15 à - 576 Ma Durée du stade 6 = 31,5 Ma/3 jours 1 jour = 10,5 Ma		J 12	-----------------	- 607,5		
		J 13	-----------------	- 597		- 600 Ma : Formation du Gondwana
		J 14	-----------------	- 586,5		
	Embryon : 0,2 mm					

Stade de Carnegie et période géologique	Évolution embryonnaire	Age de l'embryon	Référence Animale	Période en Ma	Rapport entre développement embryonnaire et période géologique (en Ma)	Évènement
3ème semaine Stade 7 De J15-J17 Durée : 2 jours Début : J15 à - 576 Ma Fin : J17 à - 555 Ma Durée du stade 7 : 21 Ma /2 jours 1 jour = 10,5 Ma	----------------- Embryon : 0,4 mm	J 15 J 16	------------------ ------------------	- 576 - 565,5		
3ème semaine Stade 8 De J17 à J20 Durée : 3 jours Début : J17 à -555 Ma, Fin : J20 à - 522 Ma Durée du stade 8 33 Ma/3 jours 1 jour = 11 Ma	Embryon tridermique--- Tube cardiaque primitif----- cœur à 1cavité Formation de la corde + Vésicule cérébrale----- primitive Embryon : 1 – 1,5 mm	J 17 J 18 J 19	Métazoaires triploblastiques ------------------ Premiers Arthropodes---- Céphalocordés -- (Pikaia) Trilobites----	- 555 - 544 - 540 - 533 - 525	Des triploblastiques aux Agnathes : de -555 Ma à – 500 Ma = de J17 à J22 soit 55 Ma en 5j 1 jour = 11 Ma (Jusqu'à J22)	Paléozoïque : de - 542 Ma à - 251 Ma Cambrien : de -542 Ma à – 488 Ma Explosion cambrienne de –540 à - 520 Ma

Stade de Carnegie et période géologique	Évolution embryonnaire	Age de l'embryon	Référence Animale	Période en Ma	Rapport entre développement embryonnaire et période géologique (en Ma)	Évènement
3ème semaine Stade 9 De J20 à J22 Durée : 2 jours Début : J20 à - 522 Ma Fin : J22 à - 500 Ma Durée du stade 9 = 22 Ma/2 jours 1 jour = 11 Ma	3 vésicules cérébrales--- 1 à 3 somites Embryon : 1,5 – 2,5 mm	J 20 J 21	Arthropodes invertébrés ----------	- 522 - 511		
4ème semaine Stade 10 De J22 à J24 Durée : 2 jours Début : J22 à - 500 Ma Fin : J24 à - 475 Ma Durée du stade 10 = 25 Ma/2 jours 1 jour = 12,5 Ma	Pronéphros-- 4 à 12 somites 1ers battements cardiaques + 1er arc ---- branchial Formation d'un Sillon optique---- Embryon : 2 - 3,5 mm	J 22 J 22 J 23	Agnathes---- (premiers Vertébrés marins) --------------	- 500 - 487,5	Des Agnathes aux Gnathostomes de - 500 Ma à- 450 Ma de J22 à J27 soit 50 Ma / 5 j 1 jour = 10 Ma (Jusqu'à J27)	Ordovicien de - 488 Ma à - 443 Ma = 45 Ma

Stade de Carnegie et période géologique	Évolution embryonnaire	Age de l'embryon	Référence Animale	Période (en Ma)	Rapport entre développement embryonnaire et période géologique (en Ma)	Évènement
4ème semaine						
Stade 11	2ème arc Branchial-----	J 24	Agnathes	- 475		Radiation ordovicienne (de - 485 Ma à - 460 Ma)
De J24 à J26 Durée : 2 jours						
Début : J24 à - 475 Ma	Cœur à 2 cavités : une oreillette et un ventricule---	J 24	Agnathes	- 475		
Fin : J26 à - 450 Ma	Vésicule ----- optique	J 24	Agnathes	- 462,5		
Durée du stade 11 2 jours = 25 Ma	Bourgeons des Membres sup---	J 25				
1 jour = 12,5 Ma	13 à 20 somites					
	Embryon 2,5 – 4,5 mm	J 25				
4ème semaine						
Stade 12		J 26	Gnathostomes (1ers poumons des Vertébrés)	- 450	Des Gnathostomes aux Sarcoptérygiens	1ère extinction massive (Ordovicien : 85% des espèces marines disparaissent)
De J26 à J29 Durée : 3 jours	Bourgeons maxillaire et mandibulaire formés-----	J 27	Gnathostomes	- 445,7	de - 450 Ma à - 415 Ma	
Début : J26 à - 450 Ma					de J 27 à J 34 = 35 Ma / 7 j	Silurien :
Fin : J29 à - 437,1 Ma	Début de formation des poumons--	J 27	Gnathostomes		1 jour = 5 Ma (Jusqu'à J 34)	de - 443 Ma à - 416 Ma = 27 Ma
Durée du stade 12 3 jours = 12,9 Ma	Mésonéphros---	J 27	Gnathostomes			
	3ème arc branchial	J28	---------------	- 441,4		
1 jour = 4,3 Ma	Embryon : 3 – 5 mm					

Stade de Carnegie et période géologique	Évolution embryonnaire	Age de l'embryon	Référence Animale	Période en Ma	Rapport entre développement embryonnaire et période géologique (en Ma)	Évènement
5ème semaine Stade 13 De J29 à J32 Durée : 3 jours Début : J29 à - 437,1 Ma Fin : J32 à - 424,2Ma Durée du stade 13 3 jours= 12,9 Ma 1 jour = 4,3 Ma	4ème arc branchial--- Bourgeons des membres Inférieurs---- 6ème arc branchial Embryon : 4 – 6 mm	J 29 J 29 J 30 J 31	----------------- Gnathostomes Gnathostomes -----------------	- 437,1 - 437,1 - 432,8 - 428,5		
5ème semaine Stade 14 De J32 à J35 Durée : 3 jours Début : J32 à - 424,2 Ma Fin : J35 à – 401,3 Ma Durée du stade 14 3 jours= 22,9 Ma 1 jour = 7,6 Ma	5 vésicules cérébrales--- Formation de la palette des mains, avant-bras, bras, épaules-- Embryon : 5 – 7 mm	J 32 J 33 J 34	Gnathostomes ----------------- Sarcoptérygiens Apparition des Dipneustes-----	- 424,2 - 419,9 - 415 - 410	Des Sarcoptérygiens aux Amphibiens de - 415 à - 360 Ma de J 34 à J 38 soit 55 Ma / 4 J 1 jour = 13,7 Ma (de J34 à J38)	Dévonien : de - 416 Ma à - 359 Ma = 57 Ma

Stade de Carnegie et période géologique	Évolution embryonnaire	Age de l'embryon	Référence Animale	Période en Ma	Rapport entre développement embryonnaire et période géologique (en Ma)	Évènement
6ème semaine						
Stade 15		J 35	----------------	- 401,3		
De J 35 à J 38 Durée : 3 jours	Membres horizontaux---	J 36	----------------	- 387,6		
			Tétrapodes Aquatiques---	- 380		Extinction du Dévonien :
Début : J 35 à - 401,3 Ma fin : J 38 à – 360 Ma	Rayons digitaux (mains) visibles	J 37	Tiktaalik----	- 373,9		- 370 Ma :
	(nageoires rayonnées des Sarcoptérygiens) + développement de la palette des membres inf. (ébauche des pieds)		(Entre poissons et vertébrés)			2ème extinction massive de 75% des espèces animales
			Ichtyostega-- et Acanthostega	- 365		
Durée du stade 15 3 jours= 41,3 Ma						
1 jour = 13,7 Ma	Embryon : 7 – 9 mm		1ère sortie de l'eau (Apparition des Arthropodes)			

Stade de Carnegie et période géologique	Évolution embryonnaire	Age de l'embryon	Référence Animale	Période en Ma	Rapport entre développement embryonnaire et période géologique (en Ma)	Évènement
6ème semaine Stade 16 De J38 à J41 Durée : 3 jours Début J38 à - 360 Ma, fin : J41 à - 340 Ma Durée stade 16 3 jours = 20 Ma 1 jour = 6,7 Ma	Début de rotation des membres qui deviennent transversaux Aspect palmé des doigts---- + Cloisonnement des oreillettes-- (2 oreillettes + 1 Ventricule) Embryon : 8 – 11 mm	J 38 J 39 J 40 J 40	Amphibiens --------------- Pederpes--- Amphibiens	- 360 - 353,3 - 350 - 346,6	Des Amphibiens aux Reptiles -360 à -340 Ma de J 38 à J 41 Soit 20 Ma / 3 J 1 jour = 6,7 Ma	Carbonifère de - 359 Ma à - 299 Ma = 60 Ma
6ème semaine Stade 17 De J41 à J44 Durée : 3 jours Début : J41 à - 340 Ma Fin : J44 à - 301,6 Ma Durée du stade 17 3 jours= 38,4 Ma 1 jour = 12,8 Ma	Métanéphros-- Cœur : 2 oreillettes + 1 ventricule partiellement cloisonné---- Embryon : 11 – 14 mm	J 41 J 42 J 43	Reptiles-- (Amniotes) Reptiles ---------------	- 340 - 327,2 - 314,4	Des Reptiles aux Mammifères de –34à – 225 Ma de J 41 à J 50 soit 115 Ma /9J 1 jour = 12,8 Ma (Jusqu'à J50)	

Stade Carnegie et période géologique	Évolution embryonnaire	Age de l'embryon	Référence animale	Période en Ma	Rapport entre développement embryonnaire et période géologique (en Ma)	Évènement
7ème semaine Stade 18 De J44 à J48 Durée : 4 jours Début : J44 à -301,6 Ma Fin : J48 à -250,4 Ma Durée du stade 18 4 jours = 51,2 Ma 1 jour = 12,8 Ma	Rayons digitaux des membres inférieurs---- Flexion ventrale du membre --- supérieur Embryon : 13 – 17 mm	J 44 J 45 J 46 J 47	---------------- ---------------- ---------------- Disparition des Trilobites----	- 301,6 - 288,8 - 276 - 263,2 - 252		Permien : De -299 Ma à -251 Ma - 290 Ma : Formation de la Pangée - 252 Ma : 3ème Extinction massive : - 252/- 245 Ma Extinction de 95% des Espèces marines et de 70% des terrestres
7ème semaine Stade 19 De J48 à J50 Durée : 2 jours Début : J48 à -250,4 Ma Fin : J50 à -225 Ma Durée stade 19 : 2 jours = 25,4 Ma 1 jour = 12,7 Ma	Doigts séparés Embryon : 16 – 18 mm	J 48 J 49	---------------- ---------------- Dinosaures----	- 250,4 - 237,6 - 230		Ère Secondaire : Mésozoïque De - 251 Ma à - 65 Ma Trias De - 251 Ma à - 199 Ma = 52 Ma

Stade Carnegie et période géologique	Évolution embryonnaire	Age de l'embryon	Référence animale	Période en Ma	Rapport entre développement embryonnaire et période géologique (en Ma)	Évènement
8ème semaine Stade 20 De J50 à J52 Durée : 2 jours Début : J 50 à - 225 Ma Fin : J52 à – 181 Ma Durée stade 20 : 2 jours = 44 Ma 1 jour = 22 Ma	Cloisonnement cardiaque complet + orteils séparés par des sillons profonds Embryon : 18 – 22 mm	J 50 J 51	Mammifères ----------------- Crocodiliens---	- 225 - 203 - 200	Des premiers Mammifères à l'Homme De – 225 Ma à - 3 Ma de J 50 à J 60 222 Ma/10j 1 jour = 22,2 Ma (Jusqu'à J 60)	De -206 Ma à -144 Ma : Fragmentation de la Pangée Refroidissement climatique 4ème extinction massive : - 206 Ma : Extinction Trias/Jurassique Disparition de 20% espèces marines + 35% familles d'animaux
8ème semaine Stade 21 De J52 à J54 Durée : 2 jours Début : J 52 à -181 Ma Fin : J 54 à -137 Ma Durée du stade 21 2 jours = 44 Ma 1 jour = 22 Ma	Membres parasagittaux- Embryon : 22 – 24 mm	J 52 J 53	Mammifères Métathériens (Marsupiaux) Oiseaux---- -----------------	- 181 - 170 - 160 -159		Jurassique : - 199 à - 145 = 54 Ma Début de fracture du Gondwana Crétacé : -145 à - 65Ma = 80 Ma

Stade Carnegie et période géologique	Évolution embryonnaire	Age de l'embryon	Référence animale	Période en Ma	Rapport entre développement embryonnaire et période géologique (en Ma)	Évènement
8ème semaine Stade 22 De J54 à J56 Durée : 2 jours Début : J54 à – 137 Ma Fin : J56 à - 93 Ma Durée du stade 22 : 2 jours = 44 Ma 1 jour = 22 Ma	Orteils libérés Embryon : 23 – 28 mm	J 54 J 55	------------ Euthériens -------------	- 137 - 125 - 115		- 135 Ma : Pangée scindée en deux continents : Gondwana et Laurasie
8ème semaine Stade 23 De J56-J60 Durée : 4 jours Début : J56 à - 93 Ma Fin : J60 à – 2,8 Ma Durée stade 23 : 4 J = 90,2 Ma 1 jour = 22,5 Ma	Fin du développement de l'embryon (27- 31 mm)	J 56 J 57 J 58 J 59 J 60	------------- ------------- Disparition des Dinosaures ------------ ------------- ------------	- 93 - 71 - 65 - 49 - 27 - 2,8		- 65 Ma : Division de la Laurasie Refroidissement général 5ème extinction massive : Extinction du Crétacé : Disparition de 70% des espèces Hominidés : -7 Ma Homo : - 2,8 Ma de –1,8 Ma à ce jour : Apparition de l'homme

4) Courbe de correspondance entre ontogenèse et phylogenèse

La courbe de correspondance que nous avons établie concrétise la cohérence des rapports existant entre l'ontogenèse et la phylogenèse. Il y figure la correspondance entre les stades du développement embryonnaire (en abscisse) et les périodes géologiques (en ordonnée) auxquelles sont apparues les espèces animales de référence, ainsi que leur correspondance avec les périodes de survenue des principaux évènements terrestres.

À la suite de la courbe figure un résumé du rapport existant entre les jours qui ont été nécessaires à la formation d'un organe chez l'embryon et la durée en temps géologique correspondante qui a été nécessaire aux diverses espèces animales qui se sont succédé pour la formation du même organe.

La courbe de correspondance entre ontogenèse et phylogenèse est à double entrée :

⇒ **Si l'on part d'un stade de Carnegie** correspondant à un certain stade de développement embryonnaire, on rencontre automatiquement sur la courbe la période géologique lui correspondant, qui indique l'espèce animale qui est apparue ou déjà présente à cette période, ainsi que les évènements terrestres qui ont pu s'y produire.

Exemple : si nous considérons, dans le tableau précédent, le stade 12 de Carnegie (qui concerne le développement embryonnaire du 26e au 29e jour), nous voyons qu'on y observe la formation des bourgeons maxillaire et mandibulaire, l'apparition des bourgeons bronchiques, et l'apparition, pour la première fois, du mésonéphros, 2e rein transitoire chez l'embryon humain.

Si nous nous reportons en ordonnée sur le graphique à la période géologique correspondante, nous voyons que celle-ci s'étend de - 450 à - 437 millions d'années, et qu'elle correspond à l'apparition des Gnathostomes, premiers poissons Vertébrés à posséder une mâchoire par transformation des premiers arcs branchiaux, à posséder un « appareil respiratoire aérien », et chez qui, comme chez tous les poissons, le mésonéphros est le rein définitif.

Nous voyons également que c'est au cours de cette période géologique qui se situe à limite de l'Ordovicien et du Silurien, que s'est produite la première extinction massive qui a vu disparaitre près de la moitié des genres d'animaux marins et près de 85 % des espèces marines.

Si l'on part d'une période géologique donnée (ou d'un évènement terrestre), on rencontre sur le graphique le stade de Carnegie qui lui correspond et qui indique le niveau de développement de l'embryon.

Exemple : si nous considérons la période géologique qui s'étend de - 360 à -340 millions d'années au cours de laquelle sont apparus les amphibiens, nous voyons qu'elle correspond sur la courbe avec le point d'intersection correspondant au stade 16 de Carnegie qui concerne le développement embryonnaire du 38ᵉ au 41ᵉ jour. Au cours de ce stade, le cœur embryonnaire évolue et présente dès lors 3 cavités : deux oreillettes et un seul ventricule. Cette disposition anatomique correspond à celle du cœur des amphibiens, apparus il y a 360 millions d'années.
Par ailleurs, les membres de l'embryon qui s'étaient horizontalisés vont subir des modifications dans l'orientation des divers segments qui deviennent transversaux, présentent trois segments ainsi qu'un aspect palmé de la main, rappelant également la morpho-anatomie des membres des amphibiens.

Comme nous le voyons, les points du graphique situés à l'intersection des stades de Carnegie au cours desquels se forment (ou se transforment) un ou plusieurs organes embryonnaires et des périodes d'apparition des espèces animales de référence pour ce même organe, permettent d'obtenir un tracé qui est pratiquement linéaire. Cela traduit une incontestable correspondance entre le développement de l'embryon humain et l'évolution des espèces animales qui ont contribué à sa formation ainsi qu'à sa complexité actuelle, et qui ont été pour lui un passage obligé dont il garde, de façon transitoire, le souvenir.

Les étapes évolutives parcourues par l'embryon au cours de son développement représentent son « curriculum vitae ».

À présent, si nous nous reportons au départ de la courbe, à J7, correspondant au stade 5 de Carnegie, nous voyons que ce stade, au cours duquel le disque embryonnaire est didermique, correspond sur l'échelle du temps géologique à - 660 millions d'années, période au cours de laquelle sont apparus les premiers métazoaires didermiques, dont les spongiaires (ou éponges), les cténaires et les cnidaires, comprenant entre autres les anémones de mer et les méduses.

Cette courbe de correspondance atteste l'existence d'un rapport direct entre ontogenèse et phylogenèse, validant ainsi la théorie de Haeckel. Elle nous permet également de remonter pas à pas à nos ancêtres probablement les plus éloignés.

<u>COURBE DE CORRESPONDANCE ENTRE ONTOGENÈSE ET PHYLOGENÈSE</u>

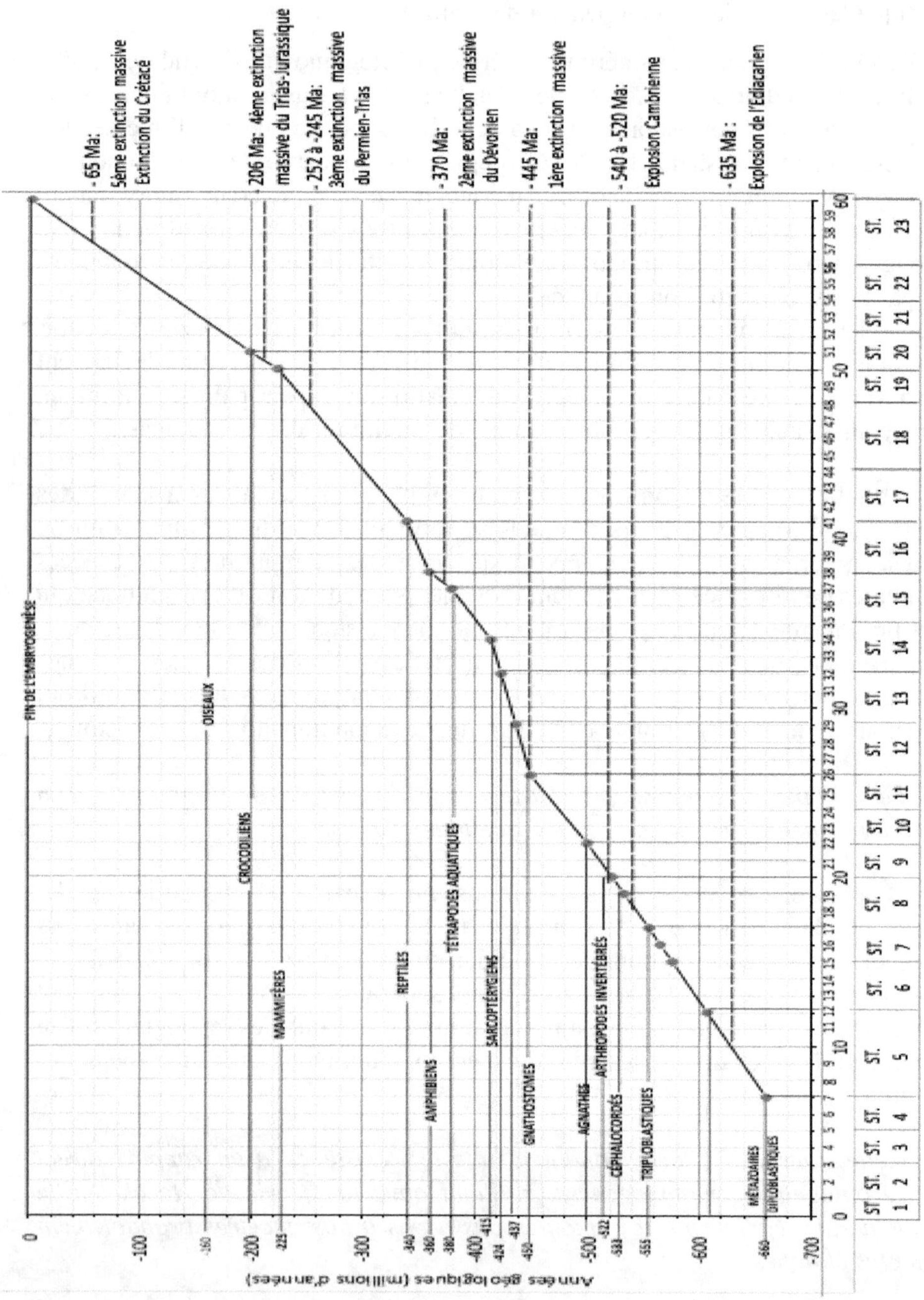

Ce graphique, qui n'est pas rectiligne, permet de constater que la durée des phases de transformations animales, qu'il s'agisse de ralentissement ou d'accélération, rapportées à un jour de développement embryonnaire, est variable selon l'organe considéré et l'environnement terrestre au moment de l'apparition des espèces animales

1. Rapport entre un jour de développement embryonnaire et la durée en temps géologique correspondante

Si l'on considère la durée de l'évolution embryonnaire de J7 (depuis le stade didermique) à J60 (fin de l'embryogenèse), soit 53 jours, comparée à la durée correspondante en temps géologique soit 660 millions d'années, un jour d'évolution embryonnaire correspond, en moyenne, à 12,5 millions d'années en temps géologique.

2. Rapport entre l'ontogenèse et la phylogenèse selon les périodes d'apparition des espèces animales et des évènements terrestres

a) Des métazoaires diploblastiques aux triploblastiques

De - 660 Ma à - 555 Ma (= 105 millions d'années), de J7 stade 5, à J17 stade 8, soit 10 jours d'évolution embryonnaire,

Un jour d'ontogenèse récapitule 10,5 millions d'années de phylogenèse.

b) Des triploblastiques aux Agnathes

De - 555 Ma à - 500 Ma (= 55 millions d'années), de J17 stade 8, à J22 stade 10 soit 5 jours d'évolution embryonnaire.

Un jour d'ontogenèse récapitule 11 millions d'années de phylogenèse.

c) Des Agnathes aux Gnathostomes :

De - 500 Ma à - 450 Ma (= 50 millions d'années), de J22 stade 10, à J27 stade 12, soit 5 jours d'évolution embryonnaire.

Un jour d'ontogenèse récapitule 10 millions d'années de phylogenèse.

d) Des Gnathostomes aux Sarcoptérygiens

De - 450 Ma à - 415 Ma (= 35 millions d'années), de J27 stade 12, à J34 stade 14), soit 7 jours d'évolution embryonnaire.

Un jour d'ontogenèse récapitule 5 millions d'années de phylogenèse.

C'est au cours de cette période, séparant l'arrivée des Gnathostomes de celle des Sarcoptérygiens que s'est produite la première extinction massive (extinction de l'Ordovicien) qui a vu disparaitre près de la moitié des genres d'animaux marins et près de 85 % des espèces marines.

e) Des Sarcoptérygiens aux Amphibiens

De - 415 Ma à - 360 Ma (= 55 millions d'années), de J34 stade 14, à J38 stade 16, soit 4 jours d'évolution embryonnaire.

Un jour d'ontogenèse récapitule 13,7 millions d'années de phylogenèse.

Au cours de cette période, la vitesse des transformations animales reprend un rythme moyen de 13,7 millions d'années d'évolution des espèces pour un jour de développement embryonnaire. C'est à la fin de cette période qu'est survenue la 2e extinction massive du Dévonien il y a 370 millions d'années, qui a entrainé la disparition de près de 50 % des genres d'animaux marins et d'environ 75% des espèces animales.

f) Des Amphibiens aux Reptiles

De - 360 Ma à - 340 Ma (= 20 millions d'années), de J38 stade 16, à J41 stade 17, soit 3 jours d'évolution embryonnaire.

Au cours de cette période, un jour d'ontogenèse récapitule 6,7 millions d'années de phylogenèse, marquant ainsi un nouveau changement dans le rythme des transformations animales.

Cette période, qui marque le passage à la vie entièrement terrestre, a suivi la 2e extinction massive du Dévonien.

g) Des Reptiles aux premiers Mammifères

De - 340 Ma à - 225 Ma (= 115 millions d'années), de J41 stade 16, à J50 stade 20, soit 9 jours d'évolution embryonnaire.

Un jour d'ontogenèse récapitule 12,8 millions d'années de phylogenèse.

Au cours cette période l'évolution animale reprend un rythme moyen. C'est au cours de cette période qu'est survenue la 3e extinction massive du Permien-Trias (-252 Ma à -245 Ma), la plus grave extinction massive que la Terre ait connue : Le Permien se termine par la disparition de la majeure partie des espèces sur la terre comme dans les océans.

h) Des premiers Mammifères à l'Homme

De -225 Ma à -3 Ma (= 222 millions d'années), de J50 stade 20, à J60 stade 23, soit 10 jours d'évolution embryonnaire.

Un jour d'ontogenèse récapitule 22,2 millions d'années de phylogenèse.

La vitesse des transformations animales se modifie nettement durant la période séparant les premiers Mammifères de l'Homme. C'est au cours de cette période que se sont produites la 4e extinction massive il y a 206 millions d'années (Trias-Jurassique), et la 5e extinction massive il y a 65 millions d'années.

Ces variations de vitesse d'évolution sont bien visibles sur le tracé de la courbe de correspondance entre ontogenèse et phylogenèse (cf. p. 115).

3. Interprétation des variations de la vitesse d'évolution des espèces animales en fonction des stades embryonnaires.

Nous ne considérerons que les stades qui s'éloignent de la moyenne selon laquelle un jour d'évolution embryonnaire correspond à 12,5 millions d'années en temps géologique.

Ce sont les stades 12, 13, 14, 16 et de 20 à 23.

a) Les stades 12, 13 et 14, avec une moyenne d'un jour de développement correspondant à 5,4 millions d'années, correspondent à la période séparant l'arrivée des Gnathostomes de celle des Sarcoptérygiens (de - 450 Ma à - 415 Ma), ancêtres directs des premiers Vertébrés terrestres, qui représentent une forme de transition entre les poissons et les amphibiens.

Au niveau des transformations morphologiques, cette période correspond à la transformation des membres ptérygiens de type nageoires en membres chiridiens de type locomoteur, d'abord utilisés comme pagaie puis plus tard pour marcher au fond de l'eau. Ce stade est également marqué par l'apparition des Dipneustes, poissons d'eau douce possédant à la fois un poumon et des branchies.

Le stade 15, au cours duquel la vitesse des transformations animales se rapproche de la moyenne, puisqu'un jour de développement correspond à 13,7 millions d'années en temps géologique, est un stade correspondant à la période de l'arrivée des tétrapodes d'abord aquatiques, puis de la sortie de l'eau, y a 365 millions d'années, avec Ichtyostega et Acanthostega, animaux qui avaient des membres d'amphibiens mais une nageoire dorsale et une queue de poisson). Cette période a également été celle de l'arrivée des amphibiens il y a 360 millions d'années.

b) Le stade 16, au cours duquel la vitesse des transformations animales se modifie de nouveau (un jour de développement correspondant à 6,7 millions d'années) correspond à la période séparant l'arrivée des amphibiens de celle des Reptiles (de - 360 Ma à - 340 millions d'années). Ce stade est celui du passage définitif à la vie terrestre, tant au niveau respiratoire que locomoteur.

Ces stades au cours desquels la vitesse des transformations animales se modifie correspondent à des transformations anatomiques et physiologiques importantes qui ont permis aux espèces concernées des changements majeurs de leurs conditions de vie. En effet, chez l'embryon, le début de la formation des poumons et du développement des membres correspond, au niveau des espèces animales de référence, à une période de profondes transformations : passage d'une respiration purement branchiale à une respiration branchiale et pulmonaire puis uniquement pulmonaire, transformation des nageoires en pattes en vue d'une sortie des eaux et d'une adaptation à la vie terrestre.

Tous ces changements semblent avoir traduit, pour de nombreuses espèces, la nécessité de sortir des eaux, probablement pour fuir un milieu devenu hostile et vivre sur la terre ferme.

En effet, on peut penser que ces évolutions ont été la conséquence de profondes transformations terrestres lorsqu'on constate que c'est au cours de cette période géologique, qui se situe à la limite de l'Ordovicien et du Silurien, que s'est produite la première extinction massive qui a entrainé la disparition de près de la moitié des genres d'animaux marins et de 85% des espèces marines.

Il est possible que des variations importantes du niveau de la mer et du climat aient pu entrainer un manque important d'oxygène dans les océans, et jouer un rôle dans la survenue de cette extinction. Dans ces conditions, il y aurait eu nécessité, pour les espèces menacées, de subir les transformations leur permettant de quitter les milieux marins et de s'adapter, pour survivre, à de nouvelles conditions de vie sur terre et à l'air libre.

c) Les stades 20 à 23

Ces stades, au cours desquels se termine la formation du cœur et des membres, correspondent aux 10 derniers jours de l'évolution embryonnaire et couvrent la période géologique de 222,2 millions d'années qui sépare les premiers Mammifères de l'Homme.

Durant cette période, un jour d'évolution embryonnaire correspond à 22,2 millions d'années d'évolution en temps géologique. C'est au cours de cette période que se sont produites les 4e et 5e extinctions massives.

CONCLUSION

Nous avons montré qu'il existe une correspondance entre la morphologie d'un organe de l'embryon humain à un stade donné de son évolution et la période géologique au cours de laquelle est apparue pour la première fois, l'espèce animale possédant ce même organe arrivé à son développement définitif.

Cette mise en évidence d'une concordance étroite entre l'ontogenèse, exprimée en jours de développement embryonnaire et la phylogenèse, exprimée en millions d'années d'évolution des espèces permet dès lors de considérer que la théorie de la récapitulation proposée par Haeckel en 1866, selon laquelle « l'ontogenèse récapitule la phylogenèse », est exacte.

S'il est vrai qu'on ne se souvient que de ce qu'on a vécu, on peut dire que le développement de l'embryon humain comporte le rappel (pour ne pas dire le souvenir) des diverses espèces animales qui, depuis plus de 600 millions d'années, ont jalonné notre parcours évolutif et ont été pour nous des passages obligés qui nous ont permis d'évoluer et d'acquérir, à travers l'histoire de la terre, notre complexité actuelle.

La courbe de correspondance que nous avons établie a également montré que l'apparition de ces espèces coïncidait très souvent avec une période importante de l'histoire de la terre, montrant s'il en était besoin l'importance de son rôle dans notre propre évolution.

Les extinctions massives ont été jusqu'à présent au nombre de cinq.

Une 6e extinction qui a déjà commencé nous menace. Elle sera d'autant plus grave que nous en sommes responsables, provoquée par nos erreurs, nos abus et notre comportement vis-à-vis de notre environnement.

Nous avons oublié que la terre ne nous appartient pas et que nous lui devons tout.

Notre vie est courte au regard des temps géologiques et, à l'échelle humaine, notre parcours évolutif a été long et difficile.

C'est à nous de ne pas prendre le risque d'avoir à le refaire.

CONCLUSION

LEXIQUE

ACTINISTIENS : taxon de sarcoptérygiens comprenant les cœlacanthes, opposé aux rhipidistiens qui comprennent des dipneustes et les tétrapodes.

ACTINOPTÉRYGIENS : les actinoptérygiens sont des Vertébrés à mâchoire (Gnathostomes) dont le squelette est osseux. Ils appartiennent au groupe polyphylétique communément appelé « poisson ». Ils comptent actuellement dans la nature près de 24.000 espèces de poissons (soit près de la moitié des Vertébrés) dont l'immense majorité sont des téléostéens.

AGNATHES (ou **CYCLOSTOMES) :** Vertébrés primitifs à bouche ronde, sans mâchoires articulées, tels que les Lamproies et Myxines actuelles (dépourvues de vertèbres). Les Agnathes actuels sont aussi appelés cyclostomes.

ALÉCITHE : œuf ne comportant aucune réserve de vitellus (l'exemple en est l'œuf humain).

ALLOPATRIQUE : voir **SPÉCIATION ALLOPATRIQUE**

AMMONITES : Les ammonites forment une sous-classe éteinte des mollusques céphalopodes. Elles apparaissent dans le registre fossile durant le Dévonien et disparaissent peu après la période du Crétacé-paléogène. Elles se caractérisaient par une coquille univalve plus ou moins enroulée.

AMNIOS : membrane spécifique des amniotes, délimitant la cavité qui contient le liquide amniotique dans lequel baignent l'embryon puis le fœtus chez les mammifères.

AMNIOTES : les amniotes forment un taxon de Vertébrés regroupant les espèces chez lesquelles l'embryon puis le fœtus se développent dans un milieu aqueux, protégés par un sac amniotique appelé amnios.

AMNIOTIQUE : voir **LIQUIDE AMNIOTIQUE**

ANALOGIE : notion essentiellement fonctionnelle : des organes analogues ont la même fonction ou le même aspect chez différentes espèces qui proviennent de deux lignées évolutives complètement différentes. Ainsi, l'aile de la mouche est l'analogue de l'aile de l'oiseau.

ANAMNIOTES : Vertébrés dont l'embryon ne possède pas d'amnios, comme les Cyclostomes, les Poissons et les Amphibiens.

ANOURES : amphibiens dépourvus de queue : grenouilles, crapauds et rainettes.

ANTHROPOLOGIE : science qui se consacre à l'étude de l'être humain d'une manière holistique, c'est-à-dire dans sa globalité.

APODE : Un apode est un animal sans pattes. On utilise ce mot pour des Vertébrés tétrapodes dont l'évolution a supprimé les membres : serpents et orvets. On l'emploie également pour des poissons sans nageoires ventrales.

APODIE : terme désignant la régression des membres de certaines espèces.

APOMORPHIE : en phylogénie, désigne un caractère apomorphe (ou dérivé) au sein d'un taxon. Ce caractère nouveau résulte de la modification d'un caractère ancestral au cours de l'évolution précédant ce taxon.

APOPTOSE : processus par lequel des cellules déclenchent leur auto-destruction en réponse à un signal. C'est l'une des voies possibles de la mort cellulaire, qui est physiologique, génétiquement programmée. Ainsi, c'est l'apoptose qui tue les cellules entre les doigts palmés au cours du développement embryonnaire, pour permettre de les dissocier.

ARACHNIDES : Les Arachnides sont une classe d'arthropodes terrestres ou aquatiques. Ce groupe comprend, entre autres, les araignées, les scorpions et les acariens. Ils se distinguent au sein de l'embranchement des arthropodes par le fait qu'ils possèdent quatre paires de pattes et une paire de chélicères*. Le plus ancien arachnide fossile connu appartient à l'ordre des scorpions. Ce fossile a environ 500 millions d'années.

ARBRE PHYLOGÉNÉTIQUE : il s'agit d'un arbre schématique qui montre les relations de parentés entre des groupes d'êtres vivants. Chacun des nœuds de l'arbre représente l'ancêtre commun de ses descendants.

ARTHROPODES : aussi appelés « articulés » ce sont des animaux invertébrés dont le plan d'organisation est caractérisé par un corps segmenté, recouvert d'une cuticule ou d'une carapace rigide. L'embranchement des arthropodes est celui qui possède le plus d'espèces et le plus d'individus de tout le règne animal (80 % des espèces connues).
On compte plus d'un million et demi d'espèces actuelles d'arthropodes.

ASTROBLÈME : reste d'un cratère dû à l'impact d'une météorite.

AUTOPODE : segment distal d'un membre de tétrapode, correspondant à la main ou au pied.

BENTHIQUE : terme qui qualifie les organismes vivant sur les fonds marins.

BIOGÉOGRAPHIE : science qui étudie la répartition géographique des espèces vivantes.

BLASTOCŒLE : nom qui désigne la cavité creusée dans la blastula.

BLASTOMÈRE (ou **BLASTOCYSTE) :** nom qui désigne une cellule qui dérive des premières divisions ou segmentations du zygote (de l'œuf fécondé) durant le développement embryonnaire. Les blastomères forment les parois du blastocœle.

BLASTULA : nom qui désigne le stade de développement embryonnaire succédant à la segmentation. La blastula se présente comme une sphère creusée du blastocœle et dont les parois comportent une ou plusieurs assises de cellules appelées blastomères.

BRANCHIES : ce sont des organes respiratoires qui, par leur surface d'échange, permettent aux animaux aquatiques, notamment les poissons, de respirer en extrayant l'oxygène de l'eau. Les branchies sont formées par des arcs branchiaux (homologues des arcs pharyngés chez l'homme).

CAMBRIENNE : voir **EXPLOSION CAMBRIENNE**

CAVITÉ AMNIOTIQUE : spécifique des amniotes (Sauropsidés et mammifères), c'est une cavité remplie de liquide amniotique, délimitée par l'amnios et dans laquelle se développe l'embryon puis le fœtus.

CARNEGIE : voir **STADES DE CARNEGIE**

CÉPHALISATION : ce terme désigne le développement progressif des structures et des fonctions cérébrales dans l'extrémité céphalique. C'est le développement de la tête quand il y a un « cerveau ».

CÉPHALOCORDÉS : ce sont des invertébrés marins ayant l'aspect de petits poissons mobiles. La corde s'étend sur la totalité du corps en pénétrant dans la tête (d'où le nom de Céphalocordés). La topographie de leur appareil circulatoire ressemble à celle des Poissons mais ils n'ont ni cœur ni globules sanguins ni hémoglobine. La propulsion de sang est assurée par la contractilité de plusieurs vaisseaux.

CÉPHALOPODES : nom générique donné à une classe de mollusques dont la tête est munie de tentacules, apparus il y a 500 millions d'années, à la fin du Cambrien et qui inclut les pieuvres, les calmars, les seiches et les nautiles.

CHÉLICÈRES : chez les Arachnides (Araignées, Scorpions), ce sont des appendices pairs situés en avant de la cavité buccale et terminés par une pince qui leur permettent de capturer leurs proies. Les chélicères de l'araignée sont des crochets venimeux creux qui contiennent ou sont connectés à des glandes à venin.

CHÉLICÉRÉS : animaux représentant un sous-embranchement majeur de l'embranchement des Arthropodes et porteurs de chélicères.

CHÉLONIEN : membre d'un ordre de la classe des Reptiles, auquel la tortue a donné son nom, et qui regroupe les Reptiles quadrupèdes à queue rudimentaire pourvus d'une carapace.

CHIRIDIEN : voir **MEMBRE CHIRIDIEN**

CHONDRICHTYENS : ce sont des Vertébrés Gnathostomes (qui possèdent une mâchoire) dont le squelette est cartilagineux et non osseux, à la différence des ostéichtyens

CHIROPTÈRES : encore appelés chauves-souris, ce sont les seuls mammifères capables de voler en battant des ailes, à l'instar des oiseaux.

CLADE : terme qui désigne un groupe monophylétique d'organismes vivants ou ayant vécu, comprenant un organisme précis et tous ses descendants.

CLADISME (ou **CLADISTIQUE) :** il s'agit d'une théorie de classification phylogénétique des êtres vivants selon leurs relations de parenté, dans un cadre évolutionniste. Elle repose sur la construction de groupes monophylétiques dits clades qui incluent un ancêtre commun et l'ensemble de sa descendance.

CNIDAIRES : métazoaires diploblastiques qui constituent un embranchement d'animaux aquatiques possédant des cellules urticantes, comprenant les méduses, l'hydre, l'anémone de mer et le corail.

CŒLOME : le cœlome est une cavité qui se forme au cours du développement embryonnaire de certains groupes d'animaux (dont les mammifères), appelés pour cette raison « cœlomates ». Chez l'être humain, les cavités cœlomiques et leurs parois forment les cavités pleurales des poumons, la cavité péricardique qui abrite le cœur et la cavité péritonéale qui renferme les viscères.

CŒLACANTHE : les cœlacanthes forment un groupe de poissons Crossoptérygiens, apparus au Dévonien il y a environ 410 millions d'années. Ils font partie des Vertébrés Sarcoptérygiens non tétrapodes. Le cœlacanthe est le dernier spécimen existant des Crossoptérygiens.

CONVERGENCE : phénomène selon lequel des êtres d'espèces différentes présentent des caractères communs dus à une adaptation analogique à un même milieu. La convergence évolutive explique les ressemblances morphologiques, parfois comportementales, entre des espèces soumises aux mêmes contraintes environnementales. Ainsi, certains Reptiles comme les tortues de mer et certains mammifères comme les Cétacés, qui sont des espèces différentes, sont des tétrapodes qui sont retournés à la vie aquatique et dont les membres se sont transformés, par nécessité, en nageoires tout en conservant une structure chiridienne.

CORDE (ou **NOTOCORDE) :** contingent cellulaire du mésoblaste situé au niveau axial et formant un cylindre. Son rôle est d'induire les phénomènes ultérieurs de l'organogenèse.

CORDÉS : Les cordés (terme parfois écrit « chordés ») sont un embranchement des triploblastiques deutérostomiens caractérisés par la présence d'une corde ou notocorde. Les Cordés réunissent trois embranchements qui présentent le même type d'organisation : les Céphalocordés, les Urocordés et les Vertébrés.

CRÂNIATES : cordés possédant un crâne cartilagineux ou osseux protégeant la partie antérieure du système nerveux. Ils forment un groupe monophylétique composé de l'ensemble des Vertébrés et des Myxines.

CROSSOPTÉRYGIENS : groupe formant une sous-classe des Ostéichtyens (poissons osseux). Ce sont les ancêtres des tétrapodes, et leur seul représentant vivant est le cœlacanthe.

CTÉNAIRES : ce sont des organismes diploblastiques marins, le plus souvent planctoniques, transparents, ressemblant à la méduse, sans cnidocytes (cellules urticantes) contrairement aux cnidaires, mais avec des colloblastes (cellules collantes).

CYCLOSTOMES (voir aussi **AGNATHES**) : parmi les Vertébrés actuels, les cyclostomes regroupent les Agnathes (Vertébrés sans mâchoire). Les cyclostomes actuels sont représentés par deux groupes, les Myxines (marines) et les Lamproies (marines et dulcicoles). Les cyclostomes sont caractérisés par l'absence de nageoires paires et un squelette entièrement cartilagineux.

DEUTÉROSTOMIENS : Les deutérostomiens forment la deuxième division des triblastiques, la première et la plus importante étant celle des protostomiens.

DIAPSIDES : Les diapsides sont une sous-classe de tétrapodes amniotes de la classe des sauropsidés, laquelle comprend les oiseaux ainsi que tous les Reptiles actuels, à l'exception éventuelle des tortues.

DIDERMIQUE (voir **DIPLOBLASTIQUE)**

DIPLOBLASTIQUE (syn. **DIDERMIQUE) :** terme qui désigne les animaux dont la constitution dérive uniquement de deux feuillets embryonnaires, l'externe ou ectoderme, l'interne ou endoderme. Les premiers diploblastiques sont apparus il y a environ 660 millions d'années.

DIPNEUSTES : encore appelés « poissons pulmonés », ils sont caractérisés par la présence d'un poumon fonctionnel en plus des branchies. Les dipneustes respirent à l'air libre et peuvent descendre jusqu'à 30 mètres de profondeur.

DULCICOLE : qui vit exclusivement en eau douce.

ÉCHINODERMES : les échinodermes forment un phylum (embranchement) d'animaux marins benthiques apparus au Cambrien il y a plus de 500 millions d'années. Ils regroupent 5 classes d'animaux : les étoiles de mer, les oursins, les concombres de mer, les Crinoïdes et les Ophiures.

ECTOBLASTE : feuillet externe de l'embryon des métazoaires qui se met en place au moment de la gastrulation, période de la transformation du disque embryonnaire à 2 feuillets (didermique) en disque embryonnaire à 3 feuillets (tridermique) vers le 17e jour chez l'embryon humain.

EDIACARIEN : l'Édiacarien est la troisième et dernière période du Précambrien. Elle s'étend de - 635 à - 542 millions d'années. C'est au cours de l'Ediacarien, il y a 600 millions d'années, que s'est formé le Gondwana.

ÉLASMOBRANCHES : nom donné à un ordre de la classe des Chondrichtyens qui regroupe les requins et les raies.

ELPISTOSTÉGALIENS : les elpistostégaliens, poissons sarcoptérygiens sont, de tous les poissons connus, les plus proches parents des tétrapodes car ils présentent à la fois des caractères de poissons et des caractères de tétrapodes. Quatre espèces sont connues : Elpistostege qui a donné son nom au groupe, deux espèces de Panderichthys et Tiktaalik.

EMBRYOGENÈSE : période de transformations et de développement de l'œuf fécondé pendant laquelle s'individualise l'embryon.

ENDOBLASTE : feuillet interne de l'embryon des métazoaires qui se met en place au moment de la gastrulation, période au cours de laquelle le disque embryonnaire devient tridermique (passe de 2 à 3 feuillets), vers le 17e jour chez l'embryon humain.

ÉPIBOLIE : au cours de l'embryogenèse chez certaines espèces, l'épibolie correspond, au cours de la gastrulation, au mouvement de recouvrement d'un tissu sur un autre, et en particulier des macromères par des micromères.

ÉPIGENÈSE : théorie selon laquelle l'embryon d'un être vivant se développe par multiplication et différenciation cellulaire progressive et non à partir d'éléments préformés dans l'œuf. Cette théorie est opposée à la théorie de la préformation (prémorphisme).

ÉPIGÉNÉTIQUE : étude de la nature et des mécanismes des modifications réversibles de l'activité des gènes, en l'absence de modification de la séquence d'ADN, et transmissibles lors des divisions cellulaires. Certaines régions de l'ADN sont prises pour cibles, notamment par le biais d'un processus appelé « méthylation » qui aboutit à activer ou à diminuer voire à éteindre l'expression d'un gène.

ÉPIGÉNOME : l'épigénome humain correspond à l'ensemble des modifications qui interviennent dans la régulation des gènes qui peuvent être activés ou désactivés. L'activation des gènes peut être influencée par notre régime alimentaire ou notre environnement.

ÉPINEURIEN : se dit d'un organisme qui possède un système nerveux en position dorsale.

ÉPITHÉLIONEURIENS : organismes restés marins qui n'ont pas de céphalisation et dont le système nerveux est postérieur, superficiel, sous-épithélial. Le groupe des épithélioneuriens comprend surtout les échinodermes apparus il y a plus de 500 millions d'années tels les Oursins et les étoiles de mer.

ÈRES : en géologie, l'ère est la plus grande division des temps. Ainsi, le Paléozoïque, encore appelé ère primaire, est une ère géologique qui s'étend sur 291 millions d'années. Le Mésozoïque, parfois appelé ère secondaire, s'étend sur 186 millions d'années. Le Cénozoïque, période qui regroupe le tertiaire et le quaternaire est une ère géologique qui a débuté il y a 65 millions d'années et qui se poursuit jusqu'à nos jours.

ESPÈCE : des animaux sont de la même espèce s'ils peuvent se reproduire entre eux et que leurs descendants sont viables et fertiles.

EUCARYOTE : se dit d'un organisme dont le noyau cellulaire est séparé du cytoplasme par une membrane.

EURYPTÉRIDES : Les euryptérides (aussi appelés scorpions de mer), sont une sous-classe d'arthropodes, les Mérostomes. On pense que les euryptérides sont les ancêtres des scorpions actuels, voire de tous les arachnides actuels. Les premiers euryptérides seraient apparus au tout début de l'Ordovicien (il y a 488 millions d'années).

EUTHÉRIEN : synonyme de placentaire. Mammifère de l'ordre Eutheria, sous-classe la plus importante des mammifères, qui comprend toutes les espèces actuelles, à l'exception des monotrèmes et des marsupiaux.

ÉVOLUTIONNISME : la pensée évolutionniste admet que les changements des systèmes vivants sont des transformations qui font que ces systèmes procèdent les uns des autres, et interprète tous les phénomènes biologiques dans cette perspective.

EXPLOSION CAMBRIENNE : expression désignant la période (entre - 540 Ma et - 520 Ma), ultime étape d'un long processus évolutif au cours duquel sont apparus la plupart des grands embranchements actuels des métazoaires (animaux pluricellulaires), précurseurs notamment des arthropodes et des Vertébrés.

EXPLOSION RADIATIVE : expression désignant, en évolution, un phénomène conduisant à une diversification et une forte augmentation du nombre des espèces, sur une période relativement courte. Elles suivent en général des périodes qui ont connu une extinction massive.

FEUILLET EMBRYONNAIRE : il s'agit d'un groupe de cellules produit durant l'embryogenèse des métazoaires. Lors de la formation de l'embryon les cellules s'organisent en feuillets de cellules, qui se distinguent les uns des autres durant la gastrulation : le feuillet extérieur s'appelle alors ectoderme et le feuillet intérieur, endoderme. Chez les métazoaires diploblastiques (encore appelés diblastiques), il n'y a que ces deux feuillets. Chez les métazoaires triploblastiques (ou triblastiques), le feuillet intermédiaire forme un véritable tissu appelé mésoderme. Chacun de ces feuillets a pour rôle de constituer les organes du futur individu.

FIXISME : théorie n'ayant plus cours aujourd'hui, selon laquelle les espèces vivantes ne subissent aucune transformation depuis leur création. Cette théorie s'oppose à celle du transformisme et de l'évolutionnisme.

GASTRULATION : phase qui débute vers le 15e jour de l'embryogenèse, au cours de laquelle s'installent des feuillets embryonnaires (qui sont des groupements de cellules) qui permettront l'agencement des organes et des tissus. La gastrulation transforme le disque embryonnaire à deux feuillets (bilaminaire) : l'ectoblaste (superficiel) et l'entoblaste (profond, qui sera appelé ultérieurement ectoderme) en disque embryonnaire à trois feuillets (trilaminaire ou tridermique) : entoblaste, mésoblaste et ectoblaste.

GÈNES HOMÉOTIQUES : Les gènes homéotiques (appelés aussi « gènes architectes », sont les gènes responsables du plan d'organisation des êtres vivants, c'est à dire de la place des organes et des membres les uns par rapport aux autres, en fonction des axes antéro-postérieur (devant-derrière) et dorso-ventral (dessus-dessous) de l'organisme.

GÉNOME : terme utilisé pour décrire l'ensemble des gènes portés par les chromosomes d'une cellule. Le génome est l'ensemble du matériel génétique d'une espèce, codé dans son ADN (acide désoxyribonucléique) que l'on trouve dans le noyau de toutes les cellules de l'organisme. Ce sont les chaînes de base de l'ADN qui font la spécificité de chaque gène du génome.

GÉNOME MITOCHONDRIAL : le génome mitochondrial désigne l'ensemble du matériel génétique des mitochondries. Ce génome est bien connu chez l'homme chez qui il est impliqué dans certaines maladies génétiques. Le génome mitochondrial est utilisé en génétique des populations humaines comme marqueur génétique pour la biologie évolutive.

GNATHOSTOMES : groupe de Vertébrés apparus il y a environ 450 millions d'années, défini par la présence de mâchoires fonctionnant verticalement et généralement pourvues de dents.

GONDWANA : ce nom désigne la partie méridionale de la Pangée, supercontinent formé il y a 300 millions d'années environ, composé dans sa partie septentrionale de la Laurasie. La Pangée a commencé à se fragmenter il y a 200 millions d'années environ. La Laurasie formera l'Amérique du Nord, l'Europe et l'Asie, et le Gondwana se divisera en de nombreux continents qui migreront jusqu'à leur position actuelle pour constituer de nos jours l'Amérique du sud, l'Afrique, l'Arabie, Madagascar, l'Inde, l'Australie, la Nouvelle-Zélande et l'Antarctique.

GYRUS : nom que prend le relief du cortex cérébral situé entre les sillons.

HÉMATOPOÏÉTIQUE : qui concerne l'hématopoïèse, c'est-à-dire le processus physiologique qui assure le renouvellement des cellules sanguines.

HOMÉOSTASIE : processus de régulation par lequel l'organisme maintient les différentes constantes du milieu intérieur dans les limites des valeurs normales.

HOMÉOTHERME : se dit d'un organisme dont la température interne est à peu près constante. Les autres organismes sont dits poïkilothermes. Seuls les oiseaux et les mammifères sont de vrais homéothermes.

HOMÉOTIQUE : voir **GÈNES HOMÉOTIQUES**

HOMINIDÉS : les paléoanthropologues emploient le terme hominidés pour désigner toutes les formes humaines présentes et passées dont les caractéristiques sont la station debout et le grand développement du neurocrâne.

HOMINISATION : on désigne sous ce terme le processus qui a progressivement transformé une lignée de primates en humains.
L'étude de l'hominisation repose sur tous les changements structuraux et comportementaux qui ont eu lieu dans la lignée des hominidés qui a conduit ensuite à l'homme « moderne » ou Homo sapiens.

HOMOLOGIE : notion structurale qui désigne la similitude morphologique résultant d'une ascendance commune.

HOMOLOGUE (STRUCTURES HOMOLOGUES) : des structures sont homologues quand elles sont héritées d'un ancêtre commun : elles ont donc la même structure et la même origine embryonnaire. L'exemple le plus parlant est le membre des tétrapodes : l'aile d'un oiseau et le bras humain sont homologues.

HOMOPLASIE (Syn. **ANALOGIE) :** ressemblance entre deux structures, non héritée d'un ancêtre commun. Celle-ci a pu apparaître spontanément, ou provenir d'un retour à un caractère primitif.

HYPONEURIENS : terme définissant l'ensemble des êtres vivants dont Le système nerveux est toujours ventral.

ICHTHYEN : qui correspond au stade des poissons, en parlant notamment de l'évolution anatomique des Vertébrés.

ICHTYOSTEGA : amphibien stégocéphale. Premier amphibien fossile connu (premier tétrapode) du Dévonien supérieur (ère primaire, il y a 365 millions d'années), descendant direct des poissons.

ICHTYOSAURES : Reptiles marins diapsides qui ont vécu au Mésozoïque (de - 251 Ma à - 65 Ma). Ils sont apparus 10 à 20 millions d'années avant les dinosaures, et ont disparu il y a 90 millions d'années.

LAMPROIE : la Lamproie, vertébré marin le plus primitif vivant actuellement, est avec les Myxines (sans vertèbres donc exclues des Vertébrés) les Agnathes actuels, réunis dans la classe des Cyclostomes. Les Lamproies sont marines et dulcicoles.

LIQUIDE AMNIOTIQUE : liquide biologique contenu dans le sac amniotique et dans lequel baignent l'embryon puis le fœtus chez les mammifères.

MACROMÈRES : nom désignant un blastomère de grande taille, c'est-à-dire des cellules volumineuses issues de la segmentation de l'œuf fécondé.

MACROSMATIQUE : se dit d'un animal dont l'odorat et les voies olfactives sont très développés.

MEMBRE CHIRIDIEN : appendice locomoteur articulé des tétrapodes, composé de 3 segments : un proximal, ou stylopode, correspondant au bras ou à la cuisse, un segment moyen ou zeugopode, correspondant à l'avant-bras ou à la jambe, comportant deux os : le radius (ou le tibia) et le cubitus (ou ulna), et un segment distal, ou autopode, correspondant à la main (ou au pied), terminé par 5 doigts. Les membres des tétrapodes sont originellement au nombre de deux paires, mais peuvent être perdus secondairement, en partie ou totalement comme chez les serpents.

MEMBRE PTÉRYGIEN : appendice locomoteur des animaux dont les membres sont constitués en nageoires.

MÉSOBLASTE : contingent cellulaire formant un 3e feuillet, apparu au moment de la gastrulation à partir des deux premiers feuillets : entoblaste et ectoblaste. À partir de la mise en place de ce 3e feuillet, l'embryon jusqu'alors didermique, devient tridermique.

MÉSONÉPHROS : chez l'embryon humain, le mésonéphros est la seconde structure rénale provisoire à apparaître à la fin de la 4e semaine (stade 12 de Carnegie). Le mésonéphros est le rein fonctionnel et définitif à l'âge adulte, des poissons Gnathostomes, apparus il y a 450 millions d'années, puis des amphibiens. Chez l'embryon humain, le mésonéphros disparaitra à son tour vers la fin de la 5e semaine pour laisser la place au métanéphros, rein définitif.

MÉTAMÈRE (syn. **SOMITE**) : unité anatomique résultant de la segmentation partielle et temporaire du corps de l'embryon au cours de son développement.

MÉTAMÉRIQUE (ORGANISATION MÉTAMÉRIQUE) : organisation corporelle de l'ensemble des Cordés, qui résulte de la fragmentation du mésoblaste para-axial en segments identiques, les métamères.

MÉTAMÉRISATION : ce terme désigne la fragmentation du mésoblaste para-axial en plusieurs segments identiques et régulièrement répétés.

MÉTANÉPHROS : chez l'embryon humain, le métanéphros est le rein définitif. Il fait suite au mésonéphros. La formation du métanéphros correspond aux stades 15 à 19 de Carnegie. Le métanéphros est le rein définitif des amniotes : en premier lieu des Reptiles apparus il y a 340 millions d'années, puis des Mammifères apparus il y a 225 millions d'années et enfin des oiseaux apparus il y a 160 millions d'années.

MÉTATHÉRIENS (ou **MARSUPIAUX) :** mammifère primitif caractérisé par l'absence de placenta lors de la gestation. Les marsupiaux, mammifères à poche, diffèrent des mammifères typiques (euthériens placentaires dont ils se seraient séparés il y a au moins 150 millions d'années), par les modalités de la reproduction : après la parturition, les petits entrent dans une poche ventrale de la mère (ou marsupium, d'où le nom de Marsupiaux) où ils se fixent à la tétine d'une mamelle pour y terminer leur développement.

MÉTAZOAIRES : animaux pluricellulaires, eucaryotes (dont les cellules possèdent un noyau). Leurs cellules sont organisées en tissus et organes.

MICROMÈRES : blastomère de petite taille se formant par divisions successives lors de la segmentation de l'œuf fécondé.

MICROSMATIQUES : se dit d'un animal dont l'odorat est peu développé.

MITOCHONDRIE : la mitochondrie est un organite intracellulaire qui contient son propre génome. On y trouve de l'ADN mais aussi des ARN qui résultent de la transcription de l'ADN mitochondrial et des protéines qui proviennent de la traduction de ces ARN.

MONOMÈRE : corps constitué de molécules simples qui, par des enchaînements successifs avec des molécules identiques, donne naissance à une structure dite polymère.

MONOPHYLÉTIQUE : un groupe monophylétique est un groupe qui comprend un ancêtre commun et l'ensemble de ses descendants.

MONOPHYLÉTISME : opinion selon laquelle un être vivant provient d'un seul type ancestral.

MONOPHYLIE : désigne la caractéristique d'un groupe composé de l'espèce souche et de tous ses descendants.

MONOTRÈME (ou PROTOTHÉRIENS) : animaux qui se caractérisent par le fait qu'ils sont à la fois ovipares et mammifères : ils pondent des œufs mais allaitent leurs petits en produisant du lait, tel l'ornithorynque.

MORPHOGENÈSE : développement des formes et des structures d'un organisme.

MYRIAPODES : Les myriapodes ou millipèdes forment un sous-embranchement d'arthropodes, communément appelés « mille-pattes ».

MYXINES : les Myxines (sans vertèbres donc exclues des Vertébrés) sont, avec les Lamproies, Vertébrés marins, les Agnathes actuels réunis dans la classe des Cyclostomes. Les Myxines sont marines et les Lamproies marines et dulcicoles. L'ensemble des Vertébrés et des Myxines constitue le groupe monophylétique* des Crâniates.

NÉOCORTEX : nom donné à la couche de substance grise particulièrement développée chez les mammifères et qui forme la paroi des hémisphères cérébraux.

NEUROCRÂNE : squelette qui entoure et protège l'encéphale.

NEURULATION : phase du développement embryonnaire correspondant à la mise en place du système nerveux à partir du feuillet ectoblastique.

NOMENCLATURE BINOMINALE : désigne le fait que le nom scientifique d'une espèce est composé de deux termes : le premier terme (écrit avec une majuscule) est le nom générique ou nom du genre (ex : *Homo*) et le second terme (écrit avec une minuscule), appelé l'épithète spécifique, correspond au nom scientifique de l'espèce (ex : *sapiens)*.

OLIGOLÉCITHE : œuf comportant peu de réserve de vitellus.

ONTOGENÈSE : ensemble des étapes qui font passer un organisme du stade d'œuf fécondé à celui d'organisme mature.

OPERCULE : formation propre aux poissons osseux et aux amphibiens larvaires, qui recouvre les branchies.

OPHIDIENS : sous ordre des Reptiles désignant les serpents.

ORGANOGENÈSE : en biologie, terme désignant la formation et le développement des différents organes d'un être vivant.

OSTRACODERMES : Les Ostracodermes étaient des poissons sans mâchoires ou « Agnathes » qui étaient recouverts d'une armure de plaques osseuses et qui apparurent il y a environ 420 millions d'années, au Silurien supérieur.

PALÉOANTHROPOLOGIE : branche de l'anthropologie qui étudie les différentes étapes de l'évolution de la lignée humaine qui ont permis d'aboutir à l'homme moderne à partir de ses ancêtres.

PALÉONTOLOGIE : science des êtres vivants qui ont peuplé la Terre au cours des temps géologiques, fondée sur l'étude des fossiles.

PARAPHYLÉTIQUE : un groupe est dit paraphylétique quand il comprend un ancêtre commun et une partie seulement de ses descendants (exemple : les « Poissons », les « Reptiles »).

PÉLAGIQUE : terme qui qualifie les organismes vivant en pleine mer.

PHYLOGENÈSE (ou **PHYLOGÉNIE)** : c'est l'étude de la formation, de l'évolution et des parentés des espèces vivantes.

PHYLOGÉNIE : voir **PHYLOGENÈSE**

PHYLOGÉNIE MOLÉCULAIRE : La phylogénétique moléculaire est l'utilisation de séquences de macromolécules biologiques pour obtenir des informations sur l'histoire évolutive des êtres vivants, et notamment sur leurs liens de parenté (leur phylogénie). C'est un des outils d'étude de l'évolution moléculaire.

PHYLOGÉNÉTIQUE (CLASSIFICATION PHYLOGÉNÉTIQUE) : système de classification des êtres vivants qui a pour but de mettre en évidence les degrés de parenté existant entre les espèces.
Une classification biologique ne peut être considérée comme phylogénétique que si elle se compose que de groupes monophylétiques, c'est à dire ayant un ancêtre commun et la totalité de ses descendants.

PHYLUM : (Synonyme : embranchement) souche primitive d'où est issue une série généalogique. Il peut s'agir d'une série animale ou végétale constituée d'espèces, de genres, de familles, etc. descendant d'un ancêtre commun.

PLÉSIOMORPHIE : ce terme définit un caractère ancestral qui, chez une espèce au sein d'un taxon, n'a pas subi de modification au cours de l'évolution (homologie ancestrale). Ainsi, la présence de quatre nageoires paires chez les poissons représente un caractère qu'on qualifie d'ancestral.

POÏKILOTHERME : se dit d'un organisme dont la température interne varie avec celle du milieu ambiant.

POLYPHYLÉTIQUE : se dit d'un groupe dont les taxons n'ont pas d'ancêtre commun (par opposition à un groupe monophylétique).

PRÉMORPHISME : théorie selon laquelle l'adulte était contenu tout entier dans le germe, le développement n'étant alors conçu que comme un agrandissement progressif d'une miniature initiale. Cette théorie s'oppose à l'épigenèse, selon laquelle les parties de l'organisme se diversifient à partir de structures simples progressivement élaborées. C'est cette seconde théorie qui s'imposera, suite aux progrès de la biologie du développement.

PRIMATES : les Primates sont des Mammifères placentaires (euthériens) plantigrades. Leur neurocrâne est considérablement développé par rapport à leur massif facial réduit, les orbites sont en position frontale, orientées vers l'avant. Chez la plupart des Primates, les doigts se terminent par des ongles plats au lieu de griffes. C'est le processus d'hominisation qui a progressivement transformé une lignée de primates en humains (appelée lignée des hominidés) issue d'un ancêtre commun aux grands singes et aux Hommes. C'est durant la transition des primates à l'humain que le néocortex s'est le plus développé. Et de toutes les régions du néocortex, c'est certainement le cortex préfrontal qui a connu la plus forte expansion chez l'humain.

PROCARYOTE : un procaryote est un organisme unicellulaire qui ne possède pas de noyau (exemple : une bactérie).

PRONÉPHROS : chez l'embryon humain, le pronéphros est la première structure rénale provisoire et non fonctionnelle à apparaître (22e jour, stade 10 de Carnegie). Au pronéphros va succéder, à la fin de la 4e semaine (stade 12 de Carnegie) une seconde structure rénale, le mésonéphros, qui sera encore un rein provisoire chez l'embryon humain. Le pronéphros persistera chez les Agnathes, poissons primitifs apparus il y a 500 millions d'années, dont il est le rein définitif.

PROTOSTOMIEN : se dit d'un animal dont la bouche provient directement de l'évolution du blastopore de la gastrula. Les protostomiens sont en même temps des hyponeuriens (par opposition aux deutérostomiens).

PROTOTHÉRIENS : voir **MONOTRÈMES.**

PROTOZOAIRES : êtres unicellulaires

PTÉROSAURES : nom qui désigne un groupe de Reptiles volants ayant vécu du Trias supérieur à la fin du Crétacé (- 225 à - 65 millions d'années).

PTÉRYGIEN : voir **MEMBRE PTÉRYGIEN**

RADIATION : voir **RADIATION ADAPTATIVE ET ÉVOLUTIVE**

RADIATION ADAPTIVE : évolution d'une variété d'espèces à partir d'un ancêtre commun. Chaque espèce est adaptée à une niche donnée, et les descendants peuvent être d'aspects très différents de leur ancêtre et les uns des autres.

RADIATION ÉVOLUTIVE : désigne l'évolution rapide, à partir d'un ancêtre commun d'un ensemble d'espèces caractérisées par une grande diversité morphologique et écologique.

RADIATIVE : voir **EXPLOSION RADIATIVE**

RADIOCHRONOLOGIE : méthode de datation des éléments des roches, basée sur la radioactivité de ces éléments par l'étude d'isotopes radioactifs contenus dans l'échantillon étudié.

RHIPIDISTIENS : poissons fossiles à nageoire dorsale, ancêtres directs des amphibiens ou batraciens. Les rhipidistiens constituent le groupe monophylétique des Vertébrés et comprennent selon la classification phylogénique les dipneustes (poissons pulmonés) et les tétrapodes.

SACCULAIRE (POUMON SACCULAIRE) : poumon dont les bronchioles respiratoires forment des sacs terminaux.

SARCOPTÉRYGIENS : étymologiquement, ce nom signifie « nageoires charnues ». Les sarcoptérygiens, sont des Vertébrés ostéichtyens qui représentent l'un des principaux groupes des Vertébrés à mâchoires, les Gnathostomes. Ils forment un groupe monophylétique qui inclut les tétrapodes (les mammifères, les Reptiles, les oiseaux et les amphibiens) et quelques poissons (les dipneustes et les Actinistiens).
Le groupe frère des sarcoptérygiens, les actinoptérygiens, regroupe la grande majorité des poissons.

SAURIENS : ordre de Reptiles diapsides de l'ordre des squamates, pourvus généralement de quatre pattes, comprenant, entre autres, les lézards, les iguanes et les caméléons.

SAUROPHIDIENS : voir **SQUAMATES.**

SAUROPSIDÉS : groupe de Vertébrés terrestres qui constituent un clade regroupant les oiseaux, les Reptiles actuels et une partie des Reptiles fossiles. C'est un groupe monophylétique d'animaux qui est le groupe frère des synapsides, c'est-à-dire aujourd'hui des mammifères, avec lesquels ils forment le taxon des amniotes.

SOMITE (synonyme **MÉTAMÈRE**) : d'origine mésodermique, les somites sont des ensembles tissulaires de structure répétitive situés de part et d'autre du tube neural qui constituera le futur système nerveux central de l'organisme.
Au cours de la 3e semaine de développement, les somites seront à l'origine de la constitution du squelette, de l'appareil locomoteur et des parois thoraco-abdominales. L'embryon humain comprend environ quarante somites.

SOMITOMÈRES : éléments embryonnaires transitoires, précurseurs des somites, qui sont situés de part et d'autre du tube neural et de la corde le long de l'axe antéro-postérieur de l'embryon.

SPÉCIATION : La spéciation est, en biologie, le processus évolutif par lequel de nouvelles espèces vivantes apparaissent.

SPÉCIATION ALLOPATRIQUE : Se dit d'espèces qui n'ont pas ou peu d'échanges génétiques du fait d'un isolement géographique naturel (mer, montagnes) qui a pu mener à la formation d'espèces distinctes à partir d'ancêtres communs. Cette théorie a été élaborée par Darwin à partir de l'observation des pinsons des iles Galapagos.

SPONGIAIRES : métazoaires didermiques qui ont été (avec les cnidaires* et les cténaires*) les premiers diploblastiques qui sont apparus il y a environ 660 millions d'années.

SQUAMATES : dans l'ordre des Squamates (encore appelés Saurophidiens) sont rassemblés les Reptiles à écailles et qui changent régulièrement de peau : les Sauriens ou lézards et les Ophidiens ou serpents, soit 95 % des Reptiles actuels.

STADES DE CARNEGIE : encore appelés stades embryonnaires, ce sont des stades du développement embryonnaire qui prennent en compte l'âge, la taille et les caractéristiques morphologiques de l'embryon. Ces stades sont au nombre de 23.

STÉGOCÉPHALE : nom de groupe d'amphibiens fossiles du primaire et du trias, apparus il y a environ 365 Ma et qui furent sans doute les premiers Vertébrés ayant de véritables pattes.

STRATIGRAPHIE : discipline qui étudie la succession des différentes couches géologiques ou strates.

STRUCTURES HOMOLOGUES : voir **HOMOLOGUE.**

STYLOPODE : segment proximal d'un membre de tétrapode, correspondant au bras ou à la cuisse.

SYNAPOMORPHIE : une synapomorphie est une apomorphie (caractère dérivé) commune à deux ou plusieurs taxons. Ces taxons, définis par un caractère synapomorphique, forment un groupe monophylétique (un ancêtre et tous ses descendants).

SYNAPSIDES : Les synapsides sont l'un des deux grands types d'amniotes avec les sauropsidés. Apparus au Carbonifère supérieur il y a environ 320 millions d'années, leur crâne possède une seule fosse temporale. Les synapsides semblent être les ancêtres directs des mammifères.

TAXINOMIE : science qui a pour objet de décrire les organismes vivants et de les regrouper en entités appelées taxons afin de les identifier puis les nommer et les classer.

TAXON : ce terme désigne une entité d'êtres vivants regroupés parce qu'ils possèdent en commun certains caractères bien définis du fait de leur parenté.

TÉLÉOSTÉENS : super-ordre de poissons osseux dont le squelette est entièrement ossifié, les téléostéens sont apparus à la fin du Jurassique. Avec 25.000 espèces, ils représentent la très grande majorité des poissons actuels et près de la moitié des espèces de Vertébrés.

TÉLOLÉCITHE : œuf comportant des réserves très abondantes de vitellus.

TÉTRAPODES : Vertébrés possédant deux paires de membres aux structures analogues. Ces membres peuvent être bien visibles ou atrophiés (vestigiaux). Les tétrapodes actuels sont les amphibiens, les Reptiles, les oiseaux et les mammifères. Les tétrapodes possèdent 4 membres et une respiration pulmonaire.

TÉTRAPODOMORPHES : groupe de sarcoptérygiens fossiles ressemblant à des tétrapodes. Leurs nageoires pectorales ont plusieurs os comme celles des tétrapodes, mais elles ont encore des rayons, comme celles des poissons.
Les tétrapodomorphes (comme le Tiktaalik) sont considérés comme plus proches des tétrapodes que des poissons pulmonés.

THÉRAPSIDES : encore appelés Reptiles mammaliens, ils sont apparus au milieu du Permien et ont disparu à la fin du Trias au cours de la 4e extinction massive. Ils forment avec les mammifères et les pélycosaures (dont descendent les thérapsides), le groupe des synapsides.

THÉROPODES : classe de dinosaures, bipèdes et carnivores comprenant la quasi-totalité des dinosaures prédateurs et l'unique clade actuel des oiseaux.

TOTIPOTENCE : état d'une cellule embryonnaire encore indifférenciée.

TRANSFORMISME : théorie émise par Lamarck, selon laquelle les espèces se transforment et dérivent les unes des autres par voie de filiation. Pour certains, le transformisme est synonyme d'évolutionnisme, en y ajoutant une théorie de ses causes, alors que pour d'autres, l'évolutionnisme se borne à constater le fait de l'évolution des espèces. Le transformisme s'oppose au fixisme (théorie qui n'a plus cours aujourd'hui).

TRILOBITES : Les trilobites constituent une classe d'arthropodes marins fossiles ayant vécu durant le Paléozoïque (ère primaire) du Cambrien au Permien. Leur corps comporte trois parties : tête avec antennes, thorax et pygidium (dernier segment du corps). Les derniers trilobites ont disparu lors de l'extinction de masse à la fin du Permien, il y a 250 millions d'années.

TRIPLOBLASTIQUE (Syn. TRIDERMIQUE) : Chez les métazoaires les triploblastiques sont des animaux dont l'embryon s'organise en trois feuillets embryonnaires (d'où l'appellation de triploblastiques) au cours de la gastrulation. Ces trois feuillets sont l'ectoderme, l'endoderme et, particularité des triploblastiques, le mésoderme. Ce 3e feuillet est à l'origine de la plupart des organes des animaux évolués : le système vasculaire, les muscles et le squelette. Avec ce 3e feuillet, il y a l'apparition d'un axe antéro-postérieur et de la symétrie bilatérale.

TROPHOBLASTE : c'est un épithélium qui entoure la cavité du blastocyste et qui formera la partie fœtale du placenta des mammifères. Son rôle est essentiel dans l'implantation de l'œuf dans l'utérus : dans un premier temps, c'est par son intermédiaire que se fixe le blastocyste à la muqueuse utérine, puis, dans un deuxième temps, il permet l'implantation de l'œuf dans l'utérus par corrosion des tissus maternels par les enzymes lytiques produits par les cellules trophoblastiques.

TUBE NEURAL : formé lors de la neurulation, le tube neural est l'aboutissement de l'évolution de la plaque neurale qui se creuse dans un premier temps pour former une gouttière neurale puis se ferme et aboutit à un tube neural. Le prolongement du tube neural au-delà du rhombencéphale constitue la moelle épinière.

UNIFORMITARISME : l'uniformitarisme, ou actualisme, est un des principes de base de la géologie moderne. Il postule que les processus qui se sont exercés dans le passé lointain s'exercent encore de nos jours. C'est Charles Lyell (1797-1875) qui a fait connaître ce principe.

UROCORDÉS : encore appelés « Tuniciers », ce sont des organismes marins invertébrés qui représentent, avec les Céphalocordés et les Vertébrés, un des trois embranchements des Cordés. Les Tuniciers sont enveloppés d'une tunique plus ou moins épaisse de cellulose, secrétée par l'épiderme, d'où leur nom.

URODÈLE : les urodèles forment un ordre d'amphibiens (dont font partie entre autres les tritons et les salamandres) pourvus, à l'état adulte, de quatre membres et d'une queue, à la différence des anoures comme les grenouilles et les crapauds.

VERTÉBRÉS : le terme vertébré désigne un animal qui possède une colonne vertébrale formée de vertèbres osseuses ou cartilagineuses. Ce groupe monophylétique se compose des poissons, des amphibiens, des Reptiles, des mammifères et des oiseaux. C'est à la fin du cambrien et au cours de l'Ordovicien qu'apparaissent les Agnathes, premiers Vertébrés marins, sans mâchoire, qui sont encore présents actuellement, représentés par les Myxines (sans vertèbres donc exclues des Vertébrés) et les Lamproies, réunis dans la classe des Cyclostomes.

VESSIE NATATOIRE : la « vessie natatoire » (ou « vessie gazeuse ») est un organe hydrostatique, un flotteur qui facilite la nage et le maintien du poisson à une profondeur déterminée. C'est un sac allongé, rempli de gaz et qui occupe la partie dorsale de la cavité abdominale au-dessus du tube digestif.

ZEUGOPODE : segment moyen d'un membre de tétrapode, correspondant à l'avant-bras ou à la jambe.

INDEX

H

I

J

L

M

N

O

P

Q

R

BIBLIOGRAPHIE

- Meyer C., Ed. sc., *Dictionnaire des Sciences Animales*
- François Jacob, *« Le Jeu des Possibles »* Ed. Fayard, 1981
- T.W. Sadler, *« Atlas d'Embryologie médicale de Langman,* » Éditions Pradel, 2009.
- Raphaël Franquinet, Jean Foucrier, *« Atlas Embryologie descriptive »,* Dunod Editions, 1998.
- Ulrich Drews, *« Atlas d'embryologie »,* Médecine-Sciences, Flammarion, 2006.
- Frédéric Bargy, Sylvie Beaudoin, collection Sciences humaines en médecine, *« Individus et espèces, de l'ontogenèse à la phylogenèse »,* Edit. Ellipses, 2009.
- André Beaumont, Pierre Cassier, Daniel Richard, *« Les Cordés : anatomie comparée des Vertébrés »,* Dunod Editions, 2009.
- Larsen, Schoenwolf, Bleyl, Brauer, Francis-West, *« Embryologie humaine »,* éditions De Boeck Université, 2011.
- Duvernay Bolens Jacqueline, *« La théorie de la récapitulation de Haeckel à Freud » Topique,* vol. n° 75, no.2, 2001, pp. 13-34.

Auteurs des articles consultés dans l'Encyclopædia Universalis

- Odette Tuzet, article : *« Cténaires ».*
- Charles Devillers, Philippe Janvier, article : *« Vertébrés ».*
- Pierre Clairambault, Philippe Janvier, articles : *« Cyclostomes », « Dipneustes ».*
- Pierre Clairambault, article : *« Reptiles ».*
- Philippe Janvier, articles : *« Sarcoptérygiens », « Tétrapodes », « Gnathostomes ».*
- Pascal Richet, article : *« Age de la terre ».*
- Andrée Tétry, article : *« Cnidaires ».*
- Bertrand Favier, article : *« Plan d'organisation des Vertébrés ».*
- Yves François, Pierre-Antoine Saint-André, articles : *« Téléostéens et Holostéens ».*
- Yves François, Michel Tranier, article : *« Marsupiaux ou Métathériens ».*
- Yves François, article : *« Cordés ou Chordés ».*
- Alain Blieck, Michel Waterlot, articles : *« Gondwana », « Silurien ».*

- Michaël Manuel, article : « *Phylogénie animale* ».
- Herbert Thomas, article : « *Découverte du premier Australopithèque* ».
- Brigitte Senut, article: « *East side story* ».
- Claude Gillot, Armand de Ricqlès, article : « *Membres* ».
- Charles Bocquet, article : « *Darwin Charles Robert* ».
- Loison, Merlin, article : « *Épigénétique et théorie de l'évolution* ».

TABLE DES MATIÈRES

Structures éditoriales du groupe L'Harmattan

L'Harmattan Italie
Via degli Artisti, 15
10124 Torino
harmattan.italia@gmail.com

L'Harmattan Hongrie
Kossuth l. u. 14-16.
1053 Budapest
harmattan@harmattan.hu

L'Harmattan Sénégal
10 VDN en face Mermoz
BP 45034 Dakar-Fann
senharmattan@gmail.com

L'Harmattan Cameroun
TSINGA/FECAFOOT
BP 11486 Yaoundé
inkoukam@gmail.com

L'Harmattan Burkina Faso
Achille Somé – tengnule@hotmail.fr

L'Harmattan Guinée
Almamya, rue KA 028 OKB Agency
BP 3470 Conakry
harmattanguinee@yahoo.fr

L'Harmattan RDC
185, avenue Nyangwe
Commune de Lingwala – Kinshasa
matangilamusadila@yahoo.fr

L'Harmattan Congo
67, boulevard Denis-Sassou-N'Guesso
BP 2874 Brazzaville
harmattan.congo@yahoo.fr

L'Harmattan Mali
Sirakoro-Meguetana V31
Bamako
syllaka@yahoo.fr

L'Harmattan Togo
Djidjole – Lomé
Maison Amela
face EPP BATOME
ddamela@aol.com

L'Harmattan Côte d'Ivoire
Résidence Karl – Cité des Arts
Abidjan-Cocody
03 BP 1588 Abidjan
espace_harmattan.ci@hotmail.fr

L'Harmattan Algérie
22, rue Moulay-Mohamed
31000 Oran
info2@harmattan-algerie.com

L'Harmattan Maroc
5, rue Ferrane-Kouicha, Talaâ-Elkbira
Chrableyine, Fès-Médine
30000 Fès
harmattan.maroc@gmail.com

Nos librairies en France

Librairie internationale
16, rue des Écoles – 75005 Paris
librairie.internationale@harmattan.fr
01 40 46 79 11
www.librairieharmattan.com

Librairie l'Espace Harmattan
21 bis, rue des Écoles – 75005 Paris
librairie.espace@harmattan.fr
01 43 29 49 42

Lib. sciences humaines & histoire
21, rue des Écoles – 75005 Paris
librairie.sh@harmattan.fr
01 46 34 13 71
www.librairieharmattansh.com

Lib. Méditerranée & Moyen-Orient
7, rue des Carmes – 75005 Paris
librairie.mediterranee@harmattan.fr
01 43 29 71 15

Librairie Le Lucernaire
53, rue Notre-Dame-des-Champs – 75006 Paris
librairie@lucernaire.fr
01 42 22 67 13

www.ingramcontent.com/pod-product-compliance
Lightning Source LLC
La Vergne TN
LVHW010051061026
849532LV00004BC/1228
* 9 7 8 2 3 4 3 1 9 5 8 0 3 *